INTERNET DATA REPORT ON
CHINA'S SCIENCE POPULARIZATION

中国科普互联网数据报告
2018

钟　琦　王黎明　王艳丽　胡俊平◎著

科学出版社

北　京

图书在版编目（CIP）数据

中国科普互联网数据报告. 2018 /钟琦等著. —北京：科学出版社，2019.5

ISBN 978-7-03-061102-4

I. ①中… II. ①钟… III. ①科普工作–研究报告–中国–2018

IV. ①N4

中国版本图书馆CIP数据核字（2019）第079153号

责任编辑：张　莉 /责任校对：韩　杨
责任印制：张克忠 / 封面设计：有道文化
编辑部电话：010-64035853
E-mail: houjunlin@mail.sciencep.com

科学出版社出版
北京东黄城根北街16号
邮政编码：100717
http://www.sciencep.com
天津市新科印刷有限公司印刷
科学出版社发行　各地新华书店经销

*

2019年5月第　一　版　开本：720×1000　1/16
2019年5月第一次印刷　印张：14 1/2
字数：200 000

定价：78.00元

（如有印装质量问题，我社负责调换）

序

从现在到未来，以数字化、网络化、智能化为标志的信息技术革命作为创新驱动发展的先导力量，已成为科普全面创新并走向现代化的有力推手，不仅促进了"互联网＋"、大数据、云计算等信息化手段在科普领域的广泛应用，也将促成比以往更为便捷、高效、充满乐趣的科学传播和更为泛在、精准、交互式的科普服务。

随着信息技术的未来发展和应用趋势，科普创新发展也展现出三个层次，包括数字化科普、互联网＋科普（数字化、网络化科普）和新一代智能科普（数字化科普、网络化科普、智能化科普）。科普工作经历了科普信息化工程建设阶段，随着中国科学技术协会"智慧科协"建设的展开，已经开始迈入智能时代。

虽然科学传播的模式创新是实现科普现代化的核心，然而创新的含义远不止于技术层面，更重要的是从理念到方法的内在转型。

其一，创造多元化科普创作和体验空间。这意味着运用云计算、5G 网络、物联网、虚拟／增强现实、3D 打印等交互技术，丰富从线上到线下的科普智能化应用，增强科普服务的互动性和趣味性。

其二，构建连接用户、内容和应用的科普云服务网络。这意味着整合全民科学素质学习平台，完善国家科普资源库与主流媒体、网络媒体、基层服务平台之间的跨界传播体系，创新科普内容再生产机制和生态。

其三，响应国家科普需求，建设科普大数据平台。这意味着建立科普需求报告制度，采集、挖掘和整合社会科普数据，协助科普机构细分受众和创新服务模式，提升科学传播的针对性和时效性。

其四，面向重点科普品牌和项目，定期发布科普绩效评估报告。这意味着针对特定场景下的科学传播目标，收集公众意见和建议，发现有效的细分原则和传播方法，扫除传播障碍，跟踪传播实效，提升科普综合效益。

未来已来，在万物皆可计算的数据时代，新一轮信息技术革命推动着科普全面创新，科普领域将转向智能化服务发展，最终融入社会化的智慧服务平台。本书通过对互联网科普数据的整合和研究，分析和展现科学传播之于人的行为和社会运行的相关的重要方面，力图勾勒出科普领域在信息社会中的现况和远景。

科普数据领域的研究仍处于开拓和不断深入的阶段，本书中的观点或结论如有不当之处，恳请各位专家、读者予以批评指正。

2019 年 2 月

目　录

第一章

中国网民科普需求搜索行为报告

　　截至 2017 年 12 月底，中国的互联网人口达到 7.72 亿，全国互联网普及率达到 55.8%。搜索引擎已成为获取互联网信息的重要入口，信息搜索已成为网民关注和获取科普信息的行为起点。本报告通过网民的海量搜索数据来分析和洞察网民对科学话题的兴趣和关切，以更好地反映和理解中国互联网受众的科普需求。

第一节　中国网民科普需求搜索行为研究概述

一、搜索数据的采集

本报告所用搜索数据来自中国科学技术协会科普部、百度数据研究中心和中国科普研究所合作搭建的科普专业版百度指数平台。网民搜索数据被持续上传到专业指数平台上，科普搜索数据每周更新一次，持续跟踪和记录科普相关的搜索信息。搜索数据中包含多维度的网民搜索行为相关信息，如特定关键词的搜索趋势以及相应搜索条目（问题）的搜索人次，搜索引擎用户的人群特征、搜索时间、所处地域和所用终端类型等。

本章内容主要使用了 2017 年全年的科普搜索数据，某些结论也使用了2013 年以来的历史回溯数据。

二、主要技术路线

本报告研究的核心问题是基于海量搜索数据完成对搜索关键词和具体搜索项的判定。报告基于对历年来科普活动资料和媒体科技报道的内容分析与资料研究，形成了预定义的科普内容域；基于科普内容域对大量的关键词和搜索项进行判定，并对其进行科普分类以及后续的数据统计。

（一）科普内容域的层级结构

本报告采用一个自上而下的模型完成科普内容域的结构化（表 1-1），将其细分为三个层级：第一，主题，包含 8 个选定的热门科普主题，即健康与医疗、信息科技、应急避险、航空航天、气候与环境、前沿技术、能源利用、食品安全；第二，热点，分属于不同主题的长期活跃或短期爆发的科普热点；第三，搜索条目，网民直接输入的具体搜索条目，属于特定的科普热点或话题。在报

告研究中，已纳入科普内容域的 8 个科普主题及 1000 余个科普热点或话题都
经过相关专业领域多位专家的筛选和审核。

表 1-1 科普内容域的三层描述框架 [①]

T. 主题	F. 热点	S. 搜索条目
1. 健康与医疗	维生素	B 族维生素的副作用 /……
	疫苗	SARS 疫苗 /……
	……	……
2. 信息科技	传感器	传感器原理及应用 /……
	物联网	物联网是什么 /……
	……	……
3. 应急避险	地震	汶川地震 /……
	火灾	发生火灾时的正确做法是什么 /……
	……	……
4. 航空航天	宇宙	第三宇宙速度 /……
	黑洞	黑洞里面是什么 /……
	……	……
5. 气候与环境	$PM_{2.5}$	$PM_{2.5}$ 标准值是多少 /……
	甲醛	甲醛中毒症状 /……
	……	……
6. 前沿技术	量子	量子通信 /……
	纳米	纳米复合材料 /……
	……	……
7. 能源利用	新能源汽车	混合动力汽车的优缺点 /……
	太阳能	农村太阳能发电 /……
	……	……
8. 食品安全	转基因	车厘子是转基因水果吗 /……
	食品添加剂	关于食品添加剂的 11 个真相 /……
	……	……

借助搜索引擎的数据挖掘手段，网民新输入的搜索条目不断被添加到科普
内容域，与已有的关键词进行匹配，归类至特定热点或话题下；大量搜索项包

① 钟琦，王黎明，武丹，等. 中国科普互联网科普数据报告 2017 [M]. 北京：科学出版社，2018: 13.

含的共同部分（词根）被归并为新的关键词，形成新的候选话题或热点。新加入的关键词和候选话题只有在经过研究人员的详细审议与进一步确认后，才被正式纳入科普内容域。通过这个自下而上的过程，报告对预定义的科普内容域进行迭代和完善。

（二）2017 年科普内容域的构成情况

表 1-2 给出了 2017 年中国网民科普搜索内容域的整体情况。2017 年的科普内容域划分为 8 个科普主题，纳入科普搜索热点 1756 个，共包含搜索条目38 876 个。

表 1-2　2017 年中国网民科普需求点统计

主题	热点数 / 个	搜索条目数 / 个
健康与医疗	565	21 674
航空航天	231	2 432
前沿技术	205	1 171
信息科技	185	3 318
应急避险	168	4 959
气候与环境	156	3 263
食品安全	134	896
能源利用	112	1 163
总计	1 756	38 876

（三）关于科普搜索指数

报告使用百度指数作为科普需求搜索强度的量化依据。百度指数是以网民搜索数据为基础的测量指标，其实际含义正比于总搜索人次，可以定量地反映某个关键词的搜索趋势。为了系统地反映科普需求的层次结构，本报告使用了专业版百度指数（科普搜索指数）来表征科普内容域中的条目 / 问题、话题 / 热点和科普主题的搜索强度。

报告使用目标群体指数（target group index，TGI）来表征不同网民群体的科普需求。TGI 反映了某个群体相对于总体的某种倾向性，可以理解为排除了群体规模效应的个体均值。例如，某个子群体的个体平均需求强度可以用 TGI 表示为：

$$TGI = 100 \times (子群体的需求占比 / 目标群体的人数占比)$$

第二节　中国网民科普需求搜索行为季度报告

一、2017 年第一季度中国网民科普需求搜索行为报告

（一）2017 年第一季度中国网民科普搜索指数同比增长 54.34%

2017 年第一季度中国网民科普搜索指数为 17.44 亿，同比增长 54.34%，环比增长 11.79%。其中，移动端的科普搜索指数为 13.00 亿，环比增长 17.43%；PC 端的科普搜索指数为 4.44 亿，环比下降 1.99%。移动端科普搜索指数增长趋势明显（图 1-1）。

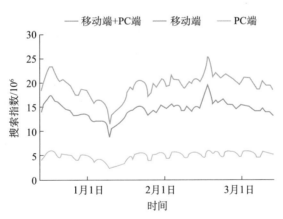

图 1-1　2017 年第一季度中国网民科普搜索指数季度变化趋势

（二）2017 年第一季度健康与医疗和前沿技术主题科普搜索指数环比持续增长

2017 年第一季度 8 个科普主题的增长排名依次是健康与医疗、前沿技术、信息科技、航空航天、气候与环境、食品安全、能源利用和应急避险（图 1-2）。

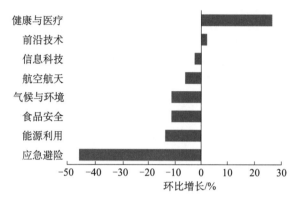

图 1-2 2017 年第一季度 8 个科普主题科普搜索指数季度环比增长情况

（三）在性别特征方面，女性更关注健康和安全，男性对科学探索更感兴趣

针对排名靠前的科普热点^① 的 TGI 数据显示，一部分科普热点呈现明确的性别特征：女性搜索意愿显著高于男性的热点集中于健康和安全领域，相对于男性，女性对生理和心理方面的健康、养生和安全知识表现出强烈兴趣（图1-3）；男性搜索意愿显著高于女性的热点集中于科学和探索领域，相对于女性，男性对航天、军事和前沿探索知识的兴趣明显更高（图 1-4）。

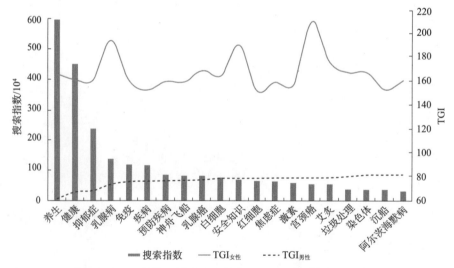

图 1-3 2017 年第一季度女性网民搜索意愿最强的 20 个热点

① 筛选原则：以科普热点搜索量由大到小排序，选中热点的累计搜索量达到全部热点搜索量的 80%。下同。

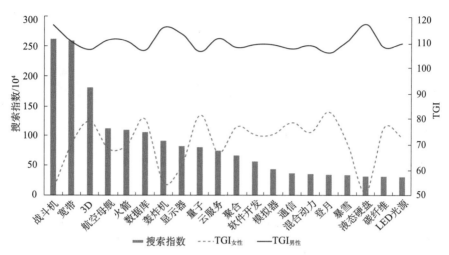

图 1-4　2017 年第一季度男性网民搜索意愿最强的 20 个热点

（四）从关注特征来看，PC 端搜索聚焦于公共生活，移动端搜索聚焦于个人生活

针对科普热点的 TGI 数据显示，PC 端和移动端的科普需求场景有明显差异。PC 端搜索集中于与公共生活相关的科技、能源、环境等社会议题，呈现出较为宽泛、从知识或兴趣出发的搜索特征（图 1-5）；移动端搜索集中于与个人生活相关的生理、疾病等实际问题，呈现出更具体化、从任务或情境出发的搜索特征（图 1-6）。

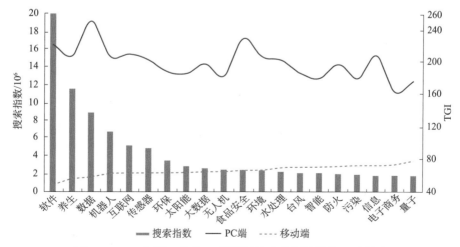

图 1-5　2017 年第一季度 PC 端网民搜索意愿最强的 20 个热点

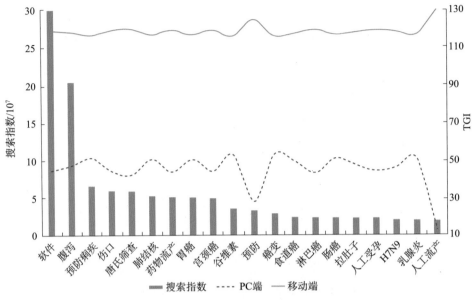

图 1-6　2017 年第一季度移动端网民搜索意愿最强的 20 个热点

（五）生命与健康类科学常识搜索指数的移动端占比最大

六类科学常识的搜索指数显示：生命与健康、地球与环境、自然与地理、物质与能量、数学与信息和工程与技术类的移动端占比均超过 60%，说明移动端是这六类科普搜索的主要来源，其中生命与健康类移动端搜索份额占比最大，为 82.10%（图 1-7）。

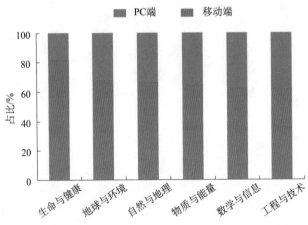

图 1-7　2017 年第一季度科学常识搜索 PC 端和移动端占比

（六）2017 年第一季度中国网民关注的焦点仍然是雾霾

2017 年 1 月 1 ～ 9 日，中国网民关于空气质量、PM$_{2.5}$ 及雾霾相关的科普搜索指数均在 100 万之上，且在 1 月 5 日搜索指数达到搜索高峰，为 302.36 万（图 1-8）。中国网民科普搜索的内容集中在雾霾、PM$_{2.5}$、大气污染、空气污染、空气指数、空气质量、空气检测等。

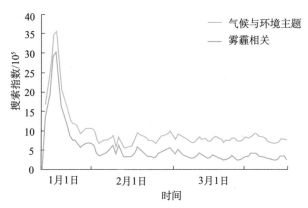

图 1-8　2017 年第一季度气候与环境及雾霾相关科普搜索指数变化趋势

（七）"天舟一号"成功发射引发中国网民热搜

2017 年 2 月 5 日，"天舟一号"货运飞船从天津港启程，于 13 日顺利抵达海南文昌航天发射场，开展发射场区总装和测试工作。中国网民对这一事件的内容搜索主要集中在"天舟一号"和"天舟一号运抵文昌"，并于 2 月 14 日达到搜索高峰（图 1-9）。

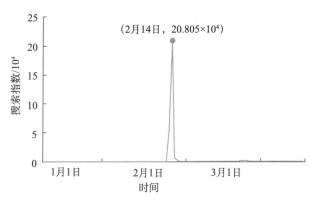

图 1-9　2017 年第一季度"天舟一号"相关科普搜索指数变化趋势

（八）地震自然灾害的发生引起中国网民的关注

2017年2月26日在四川阿坝州汶川县发生4.0级地震，中国网民对这一事件的搜索在当天达到高峰，搜索指数为82.27万；2017年3月27日在云南省大理州漾濞县发生5.1级地震，当天搜索指数为45.85万（图1-10）。

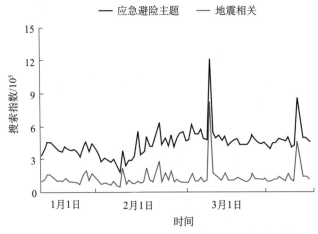

图1-10　2017年第一季度应急避险和地震相关科普搜索指数变化趋势

2017年第一季度地域数据显示，云南省的科普搜索指数同比增速28.22%，排名第一；其他省（自治区、直辖市）的科普搜索指数同比增速均为负值。

二、2017年第二季度中国网民科普需求搜索行为报告

（一）2017第二季度中国网民科普搜索指数同比增长51.56%，环比小幅下降

2017年第二季度中国网民科普搜索指数为16.55亿，这是近四个季度连续上升后首次出现小幅下降，同比增长51.56%，环比下降5.10%（图1-11）。

（二）2017年第二季度应急避险主题科普搜索指数环比增长排名第一

2017年第二季度8个科普主题的增长排名依次是：应急避险、健康与医疗、食品安全、航空航天、前沿技术、能源利用、信息科技和气候与环境。由

于本季度台风和地震频发,所以应急避险科普主题环比增长排名由第一季度的第八位上升至本季度的第一位(图 1-12)。

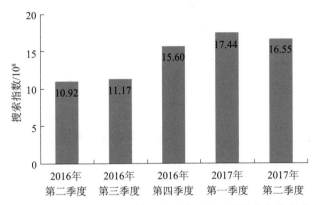

图 1-11 2016 年第二季度到 2017 年第二季度中国网民科普搜索指数季度变化趋势

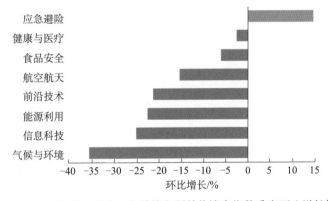

图 1-12 2017 年第二季度 8 个科普主题科普搜索指数季度环比增长情况

(三)各省(自治区、直辖市)科普搜索 TGI 阶梯分布,北京市、上海市、浙江省、江苏省显著高于全国平均水平

北京、上海、浙江、江苏、广东、陕西、天津、河南 8 个省(市)的科普搜索 TGI 指数高于全国平均,覆盖 26 748 万网民;其余 23 省(自治区、直辖市)[①] 的科普搜索 TGI 低于全国平均,覆盖 46 378 万网民。全国超 6 成网民的科普搜索需求仍有上升空间(图 1-13)。

———————————

① 未包含港、澳、台地区数据,下同。

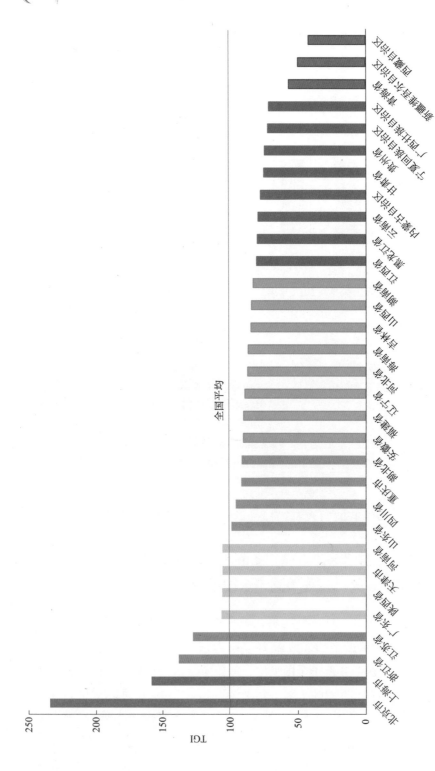

图1-13 2017年第二季度全国各省（自治区、直辖市）科普搜索TGI

（四）各省（自治区、直辖市）科普搜索 TGI 第二季度排名前三的热点

2017 年第二季度各省（自治区、直辖市）的科普搜索 TGI 排名前三的热点如表 1-3 所示。

表 1-3　2017 年第二季度各省（自治区、直辖市）科普搜索关注点 TOP3

省（自治区、直辖市）	关注点 1	关注点 2	关注点 3
安徽省	激光手术	地震消息	人工受孕
北京市	PM$_{2.5}$	雾霾	空气质量
福建省	台风	安全知识	火山
甘肃省	地震	食品安全	3D
广东省	台风	尿酸	电子商务
广西壮族自治区	安全知识	人工受孕	显示器
贵州省	大数据	人工受孕	电子商务
海南省	台风	火山	感染
河北省	禽流感	心肌缺血	太阳能
河南省	安全知识	心肌缺血	大数据
黑龙江省	心肌缺血	甲状腺癌	股骨头坏死
湖北省	预防针	地震消息	破伤风
湖南省	麻疹	艾滋病	破伤风
吉林省	心肌缺血	甲状腺癌	股骨头坏死
江苏省	试管婴儿	食道癌	肠癌
江西省	安全知识	预防针	人工受孕
辽宁省	3D	心肌缺血	股骨头坏死
内蒙古自治区	心肌缺血	3D	禽流感
宁夏回族自治区	地震消息	防火	3D
青海省	3D	地震消息	防火
山东省	股骨头坏死	拉肚子	腹泻
山西省	神舟飞船	禽流感	3D
陕西省	禽流感	3D	雾霾
上海市	空气质量	PM$_{2.5}$	火山

续表

省（自治区、直辖市）	关注点 1	关注点 2	关注点 3
四川省	地震	禽流感	近视
天津市	心肌缺血	雾霾	空气质量
西藏自治区	3D	地震消息	禽流感
新疆维吾尔自治区	地震	人工受孕	防火
云南省	3D	地震	防火
浙江省	火灾	台风	月球
重庆市	激光	养生	禽流感

（五）2017 年二季度地震和台风频发，台风相关搜索的城市排名前三位的是深圳市、广州市和福州市

2017 年 4 月 12 日 2 时 25 分，在浙江省杭州市临安市发生 4.2 级地震，当天地震相关的搜索指数为 49.02 万；2017 年 5 月 12 日是 "5·12" 汶川地震九周年纪念日，这一事件引发中国网民达到新的搜索高峰，为 106.55 万（图 1-14）。

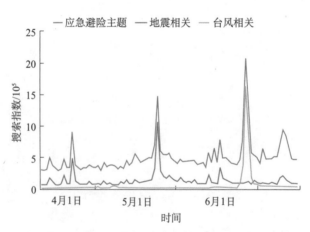

图 1-14　2017 年第二季度应急避险、地震和台风相关科普搜索指数变化趋势

2017 年 6 月 12 日 23 时前后第二号台风 "苗柏" 的中心在广东省深圳市大鹏半岛沿海登陆，中国网民对台风相关的搜索在当天达到高峰，为 164.51 万。地域数据显示，搜索台风相关的城市排名前三位的依次是深圳市、广州市和福州市。

（六）可燃冰试采成功事件大幅拉升了能源利用主题的搜索指数

2017 年 5 月 18 日，我国首次海域天然气水合物（可燃冰）试采成功，这次试采成功是我国也是世界首次成功地实现资源量占全球 90% 以上、开发难度最大的泥质粉砂型天然气水合物安全可控性开采，中国网民对可燃冰相关的总搜索指数为 129.25 万，且在 5 月 19 日达到搜索高峰，为 239 572（图 1-15）。

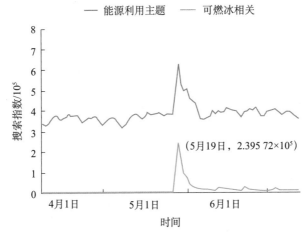

图 1-15　2017 年第二季度能源利用和可燃冰相关的科普搜索指数变化趋势

（七）国产航母成功下水事件引发网民全面搜索航母知识

2017 年 4 月 26 日 001A 型航母出坞下水，这是我国第一艘完全自主建造的航空母舰，我国由此成为全世界为数不多的能够自行建造航母的国家，中国网民对这一重大事件的搜索在当天达到高峰，为 151.91 万。

中国网民对本热点事件关注的主要内容是航母、国产航母、水下航母、航天母舰、航空母舰和浮岛式航母等（图1-16）。

图 1-16　2017 年第二季度 001A 型国产航母下水网民相关搜索内容

（八）与"天宫二号"相关的航空航天系列事件一直引发网民关注

2017 年 4 月 20 日 19 时 41 分 35 秒，"天舟一号"货运飞船在文昌航天发射场由"长征七号"遥二运载火箭成功发射升空，4 月 22 日 12 时 23 分，"天舟一号"货运飞船与"天宫二号"空间实验室顺利完成自动交会对接。中国网民对这一事件的搜索指数为 116.50 万，在 4 月 20 日达到搜索高峰，为 29.09 万（图 1-17）。

237.71万	1262.83万	116.50万
●	●	●
2016年第三季度	2016年第四季度	2017年第二季度
2016年9月15日，"天宫二号"空间实验室在酒泉卫星发射中心发射。	2016年10月19日，"神舟十一号"飞船与"天宫二号"自动交会对接成功。	2017年4月20日，搭载着"天舟一号"货运飞船的"长征七号"遥二运载火箭在文昌航天发射场点火发射。4月22日，"天舟一号"货运飞船与"天宫二号"空间实验室顺利完成首次自动交会对接。

图 1-17　2017 年第二季度"天宫二号"相关科普搜索指数变化趋势

三、2017 年第三季度中国网民科普需求搜索行为报告

（一）2017 年第三季度中国网民科普搜索指数同比、环比双增长

2017 年第三季度中国网民科普搜索指数为 19.10 亿，同比增长 70.99%，环比增长 15.41%（图 1-18）。

（二）应急避险主题科普搜索指数第三季度环比增长排名首位

2017 年第三季度"天鸽""帕卡"等台风和九寨沟地震的发生，导致应急避险科普主题继第二季度之后仍然持续增长，环比增长最大，为 236.34%。

其他 7 个科普主题环比增长的排名依次是：信息科技、食品安全、能源利用、前沿技术、气候与环境、航空航天和健康与医疗（图 1-19）。

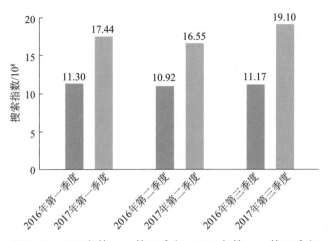

图 1-18 2016 年第一～第三季度、2017 年第一～第三季度
中国网民科普搜索指数季度变化趋势

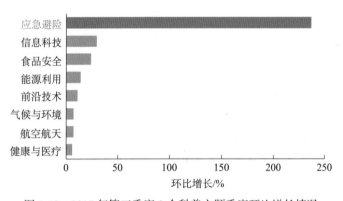

图 1-19 2017 年第三季度 8 个科普主题季度环比增长情况

（三）2017 年第三季度科普搜索指数环比增幅最高的热点 TOP5

2017 年第三季度科普搜索指数环比增幅最高的热点 TOP5 如图 1-20 所示。

（四）2017 年第三季度各省（自治区、直辖市）科普搜索 TGI 排名前三的热点

2017 年第三季度各省（自治区、直辖市）科普搜索 TGI 排名前三的热点如表 1-4 所示。

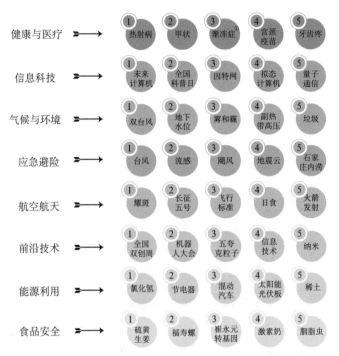

图 1-20　2017 年第三季度科普主题搜索指数季度环比增幅最高的热点 TOP5

表 1-4　2017 年第三季度各省（自治区、直辖市）科普搜索 TGI 关注点 TOP3

省（自治区、直辖市）	关注点 1	关注点 2	关注点 3
安徽省	激光手术	地震消息	人工受孕
北京市	$PM_{2.5}$	雾霾	空气质量
福建省	台风	安全知识	火山
甘肃省	地震	食品安全	3D
广东省	台风	尿酸	电子商务
广西壮族自治区	安全知识	人工受孕	显示器
贵州省	大数据	人工受孕	电子商务
海南省	台风	火山	感染
河北省	禽流感	心肌缺血	太阳能
河南省	安全知识	心肌缺血	大数据
黑龙江省	心肌缺血	甲状腺癌	股骨头坏死

① 渐冻症即肌萎缩侧索硬化的通俗说法。

省（自治区、直辖市）	关注点 1	关注点 2	关注点 3
湖北省	预防针	地震消息	破伤风
湖南省	麻疹	艾滋病	破伤风
吉林省	心肌缺血	甲状腺癌	股骨头坏死
江苏省	试管婴儿	食道癌	肠癌
江西省	安全知识	预防针	人工受孕
辽宁省	3D	心肌缺血	股骨头坏死
内蒙古自治区	心肌缺血	3D	禽流感
宁夏回族自治区	地震消息	防火	3D
青海省	3D	地震消息	防火
山东省	股骨头坏死	拉肚子	腹泻
山西省	神舟飞船	禽流感	3D
陕西省	禽流感	3D	雾霾
上海市	空气质量	$PM_{2.5}$	火山
四川省	地震	禽流感	近视
天津市	心肌缺血	雾霾	空气质量
西藏自治区	3D	地震消息	禽流感
新疆维吾尔自治区	地震	人工受孕	防火
云南省	3D	地震	防火
浙江省	火灾	台风	月球
重庆市	激光	养生	禽流感

（五）地震和台风相关的科普搜索持续占领热搜之位

2017 年第三季度是台风活跃期，因此 7 月 23 日在香港西贡沿海地区登陆的台风"洛克"、7 月 29 日在台湾省宜兰县东部沿海登陆的台风"纳沙"、8 月 23 日在广东省珠海市金湾区沿海登陆的台风"天鸽"、8 月 27 日在广东省台山市东南部沿海登陆的台风"帕卡"，均成为中国网民搜索的热点事件。

8 月 8 日 21 时 19 分 46 秒在四川省阿坝州九寨沟县发生 7 级地震，中国网民对地震相关的搜索在 8 月 9 日达到高峰，为 1150.08 万，占应急避险主题当天搜索指数（1242.83 万）的 92.54%（图 1-21）。

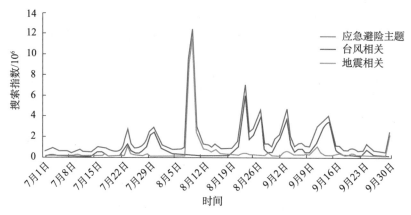

图 1-21　2017 年第三季度应急避险、地震和台风相关搜索指数变化趋势

（六）福寿螺事件引发全国网民关注

2017 年 8 月 2 日，一篇帖子在网上盛传，事件主人痛诉了自己在今年 2 月到大理游玩吃到福寿螺导致自己几个月来治疗无效后流产的事情。之后有网友通过微博爆料，称在成都宽窄巷买到味道不对的"田螺"，相关部门随即介入调查，后经水产专家鉴定，这份"田螺"实则为福寿螺。这一系列事件引发的连锁反应引起中国网民的热搜，中国网民对福寿螺事件关注的主要内容是"福寿螺""福寿螺和田螺的区别""福寿螺能吃吗""福寿螺卵"等，且在 8 月 3 日达到搜索高峰，为 20.43 万（图 1-22）。

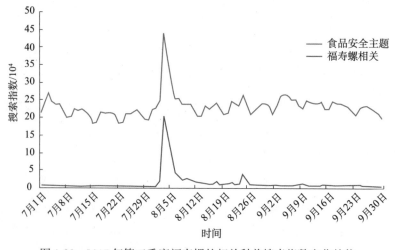

图 1-22　2017 年第三季度福寿螺的相关科普搜索指数变化趋势

（七）网民聚焦中国人工智能大会

2017 年 7 月 22～23 日，第三届中国人工智能大会（CCAI 2017）在杭州国际会议中心召开，这是中国人工智能界级别最高、最权威的学术盛会。中国网民对这一事件相关的总搜索指数为 4.61 万，且在 7 月 22 日当日达到搜索高峰（图 1-23）。地域数据显示，北京市、上海市、重庆市和浙江省的科普搜索 TGI 指数最高，说明这四个地区网民的科普搜索意愿最强。

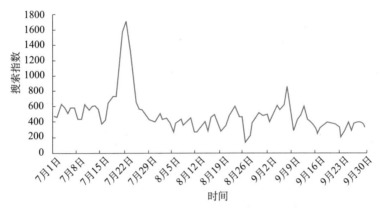

图 1-23 2017 年第三季度中国人工智能大会的相关科普搜索指数变化趋势

（八）全国科普日活动受到网民的关注

9 月 16～22 日，以"创新驱动发展，科学破除愚昧"为主题的 2017 年全国科普日活动在全国各地开展，中国网民对这一事件的搜索高峰出现在 9 月 15 日和 9 月 18 日两天（图 1-24），且 PC 端搜索指数均高于移动端搜索指数。

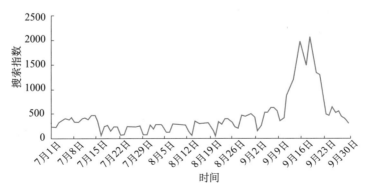

图 1-24 2017 年第三季度全国科普日活动的相关科普搜索指数变化趋势

四、2017 年第四季度中国网民科普需求搜索行为报告

（一）2017 年第四季度中国网民科普搜索指数同比增长 20.77%

2017 年第四季度，中国网民科普搜索指数为 18.84 亿，同比增长 20.77%，环比下降 1.36%，主要原因是应急避险主题科普搜索指数下降较多。其中，移动端的科普搜索指数为 14.24 亿，占比 75.59%，环比下降 1.45%；PC 端的科普搜索指数为 4.6 亿，占比 24.41%，环比下降 1.08%（图 1-25）。

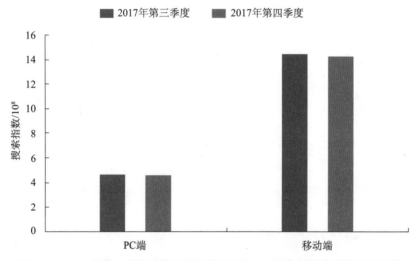

图 1-25　2017 年第三季度与第四季度中国网民 PC 端和移动端科普搜索指数

（二）2017 年第四季度信息科技、航空航天和气候与环境主题科普搜索指数排名上升

2017 年第四季度，8 个科普主题的科普搜索排名依次是：健康与医疗、信息科技、航空航天、气候与环境、应急避险、前沿技术、能源利用和食品安全（图 1-26）。与第三季度数据对比显示，健康与医疗、前沿技术、能源利用和食品安全主题搜索排名保持不变；信息科技、航空航天和气候与环境主题搜索排名由第三季度的第三、第四、第五位上升为第二、第三、第四位，而应急避险主题搜索排名由第三季度的第二位下降为第五位。

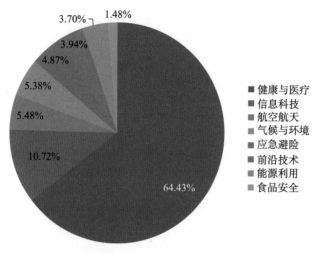

图 1-26　2017 年第四季度 8 个科普主题搜索指数季度占比

（三）气候与环境主题搜索指数第四季度环比涨幅最高

2017 年第四季度，8 个科普主题搜索指数环比增长排名依次是：气候与环境、能源利用、前沿技术、健康与医疗、信息科技、航空航天、食品安全和应急避险（图 1-27）。

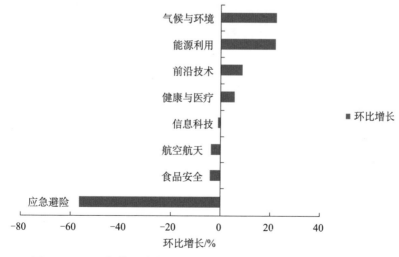

图 1-27　2017 年第四季度 8 个科普主题搜索指数季度环比增长情况

（四）各省（自治区、直辖市）科普搜索 TGI 第四季度排名前五的热点

2017 年第四季度，各省（自治区、直辖市）科普搜索 TGI 排名前五的热点如表 1-5 所示。

表 1-5   2017 年第四季度各省（自治区、直辖市）科普搜索 TGI 关注点 TOP5

省（自治区、直辖市）	关注点 1	关注点 2	关注点 3	关注点 4	关注点 5
安徽省	血糖高	航天飞机	磁共振	食道癌	诺贝尔
北京市	雾霾	互联网大会	大数据	人工智能	网络安全
福建省	台风	垃圾处理	安全知识	火山	灭火
甘肃省	地震	太阳能	药物流产	丙肝	光伏发电
广东省	台风	天文台	基因检测	鼻咽癌	芯片
广西壮族自治区	网络安全	鼻咽癌	基因检测	台风	支原体感染
贵州省	大数据	人工受孕	GPS	促排卵	无土栽培
海南省	海啸	天文台	支原体感染	空难	航天飞机
河北省	臭氧	股骨头坏死	光伏发电	太阳能	新能源汽车
河南省	新能源汽车	光伏发电	电动车	碳纤维	太阳能发电
黑龙江省	造影	雾霾	心肌缺血	免疫力低下	更年期
湖北省	预防针	破伤风	卡介苗	智能	巨细胞病毒
湖南省	口腔癌	磁悬浮	肺结核	杂交水稻	黄疸
吉林省	心肌缺血	地震消息	免疫力低下	甲状腺癌	丙肝
江苏省	航天飞机	诺贝尔奖	肺纹理	信息化	天文台
江西省	稀土	奶粉事件	预防针	杂交水稻	肝病
辽宁省	血栓	心肌缺血	免疫力低下	避震	股骨头坏死
内蒙古自治区	云计算	心肌缺血	大气污染	免疫力低下	TCT 检查
宁夏回族自治区	安全知识	造影	无土栽培	防火	混合动力
青海省	避震	环保	丙肝	应急预案	利巴韦林
山东省	云服务	光伏发电	太阳能	禽流感	预防针
山西省	光伏发电	太阳能	太阳能发电	灰指甲	天然气
陕西省	雾霾	空气质量	天然气	利巴韦林	支原体感染

续表

省（自治区、直辖市）	关注点1	关注点2	关注点3	关注点4	关注点5
上海市	磁悬浮	空气质量	肺纹理	RFID	神经元
四川省	地震	PM$_{2.5}$	空气质量	雾霾	信息化
天津市	RFID	混合动力	雾霾	PM$_{2.5}$	食物中毒
西藏自治区	避震	应急预案	4G	矿产	紫外线
新疆维吾尔自治区	应急预案	碳纤维	人工受孕	前列腺增生	免疫力低下
云南省	禽流感	紫外线	诺贝尔	航天飞机	艾滋病
浙江省	互联网大会	磁共振	巨细胞病毒	台风	癌胚抗原
重庆市	生态	地震	臭氧	食品安全	健康体检

（五）冬季雾霾仍然是网民关注的焦点

冬天是雾霾出现频繁的季节，中国网民对雾霾相关的科普搜索指数在2017年12月29日达到高峰，为69.03万（图1-28）。中国网民对雾霾相关的内容搜索关键词是"雾和霾""雾霾""空气质量""PM$_{2.5}$"。

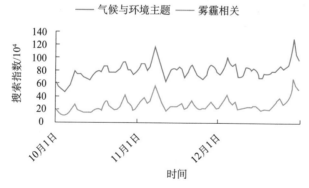

图1-28 2017年第四季度气候与环境和雾霾相关科普搜索指数变化趋势

（六）第四届世界互联网大会成功举办受到网民的高度关注

2017年12月3~5日第四届世界互联网大会在浙江省乌镇举行，在此期间相关的搜索指数为104.42万，搜索指数高峰出现在12月4日，为13.38万（图1-29）。

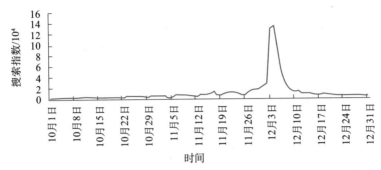

图 1-29　2017 年第四季度第四届世界互联网大会相关科普搜索指数变化趋势

（七）2017 年第四季度"科普中国"季度搜索指数达 26.32 万

2017 年第四季度，"科普中国"总搜索指数达 26.32 万。在"科普中国"的相关搜索中，以"科普中国"为关键词的搜索占比最高（60.28%），其次是"科技让生活更美好"（5.03%）和"科学百科"（4.22%）（图 1-30）。

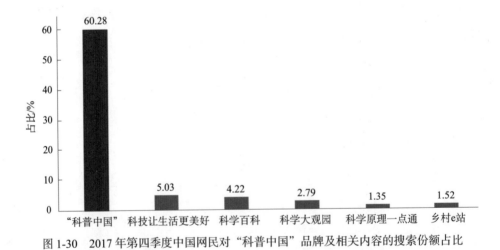

图 1-30　2017 年第四季度中国网民对"科普中国"品牌及相关内容的搜索份额占比

（八）"科普中国"受到女性网民和青少年网民青睐

2017 年第四季度，女性网民和 19 岁及以下网民对"科普中国"的关注份额均高于这两个群体对科普总体的关注份额。这表明，在整个科普工作域，"科普中国"更受女性和青少年群体青睐（图 1-31）。

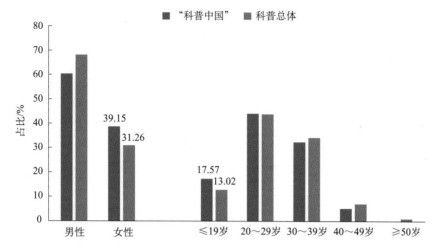

图 1-31　2017 年第四季度不同性别和年龄的网民群体对"科普中国"的搜索份额占比

（九）安徽省网民对"科普中国"格外关注

2017 年第四季度按全国各省（自治区、直辖市）排序，安徽省网民对"科普中国"的关注份额最高，占比达 16.76%，广东省、北京市分列第二位和第三位，占比均超过 8%。与其对科普总体的关注相比，安徽省、北京市、河南省、云南省、新疆维吾尔自治区等地网民对"科普中国"的关注份额更高（图 1-32）。

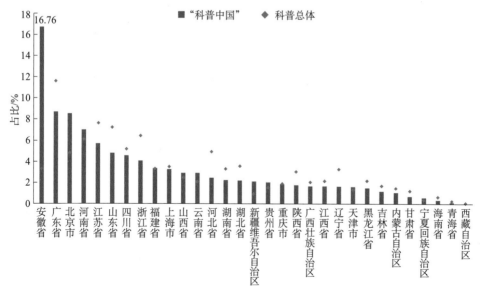

图 1-32　2017 年第四季度各省（自治区、直辖市）网民对"科普中国"的搜索份额占比

（十）PC 端网民对"科普中国"的关注高于移动端网民

2017 年第四季度，PC 端对"科普中国"的关注份额高于移动端，占比达
53.19%。并且，"科普中国"的移动端份额（46.81%）显著低于科普总体的移
动端份额（75.04%），表明"科普中国"的移动化程度远低于网民总体科普需
求的移动化程度（图 1-33）。

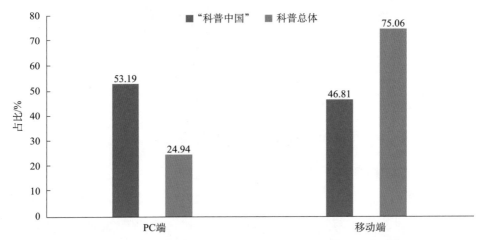

图 1-33　2017 年第四季度 PC 端和移动端网民对"科普中国"的搜索份额占比

第三节　中国网民科普需求搜索行为年度报告

一、中国网民科普需求搜索行为特征

（一）移动端科普搜索指数大幅上扬，带动中国网民整体科普搜
索指数上升

2017 年中国网民科普搜索指数为 74.31 亿，较 2016 年增长 51.68%，中国
网民科普搜索指数大幅增长。从搜索终端来看，移动端科普搜索指数（55.72
亿）是 PC 端科普搜索指数（18.59 亿）的 3 倍，与 2016 年相比，移动端科普
搜索指数增长 65.34%（图 1-34）。

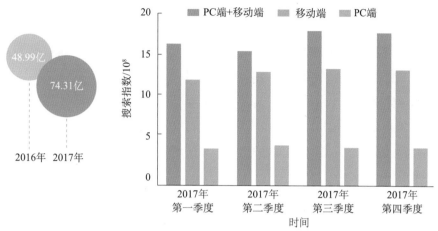

图 1-34　2017 年中国网民科普搜索指数年度变化趋势

（二）"天眼""慧眼""天舟一号"等系列热点频发，使航空航天科普主题搜索指数跃居第三

2017 年中国网民关注的科普主题搜索指数排名前三位的是：健康与医疗、信息科技和航空航天。健康与医疗在 8 个科普主题的搜索中占比为 63.16%，位居第一；信息科技相关的搜索占比为 11.05%，位居第二；航空航天相关的搜索占比为 6.00%，与 2016 年相比，超越应急避险位居第三（图 1-35）。

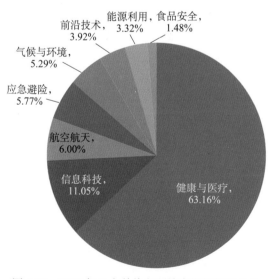

图 1-35　2017 年 8 个科普主题搜索指数年度占比

（三）健康与医疗成为科普搜索指数增长引擎

2017 年科普主题搜索指数增长排名依次是：健康与医疗、航空航天、前沿技术、食品安全、气候与环境、能源利用、应急避险和信息科技。与 2016年数据对比得出：健康与医疗、航空航天、前沿技术和食品安全主题搜索指数增长排名上升；气候与环境、能源利用和信息科技主题搜索指数增长由正增长（分别为 23.57%、26.04% 和 43.53%）转为负增长（分别为 -0.59%、-1.29% 和 -7.28%）。

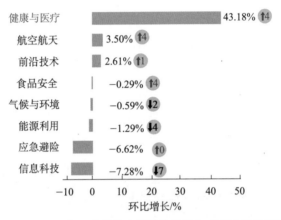

图 1-36　2017 年 8 个科普主题搜索指数年度环比增长情况

（四）在各省（自治区、直辖市）科普搜索指数排名中，山东省再次跻身三甲，湖北省再次跃进前十

2017 年科普搜索指数排名前十的省（自治区、直辖市）是：广东、江苏、山东、浙江、河南、四川、河北、北京、湖北、上海。

与 2016 年数据对比得出：河南省的排名上升了两位，山东省、浙江省和河北省的排名上升了一位；广东省和江苏省的排名保持不变；上海市的排名下降了一位，北京市的排名下降了两位，四川省的排名下降了三位；湖北省取代福建省位居第九（图 1-37）。

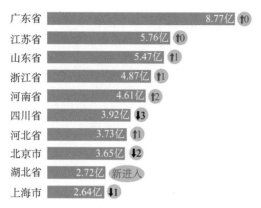

图 1-37　2017 年中国网民科普搜索指数年度省（自治区、直辖市）排名

（五）8 个科普主题下搜索指数增长最快的三个热点

2017 年，8 个科普主题下搜索指数增长最快的三个热点如图 1-38 所示。

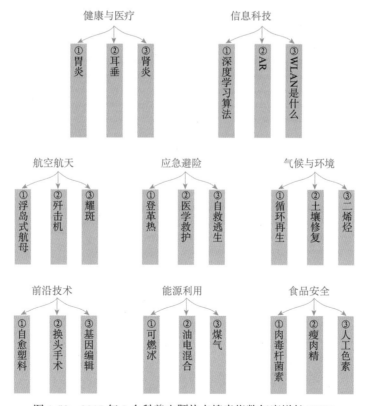

图 1-38　2017 年 8 个科普主题热点搜索指数年度增长 TOP3

二、中国网民科普群体搜索行为特征

（一）网民科普搜索行为持续向移动端倾斜

2017 年全年，来自移动端网民的科普搜索份额高达 75.06%，比 2016 年上升 6 个百分点。北京市、上海市、浙江省等经济发达地区的 PC 端搜索份额显著高于全国平均；甘肃省、青海省、宁夏回族自治区等经济欠发达地区的移动端搜索份额显著高于全国平均（图 1-39）。

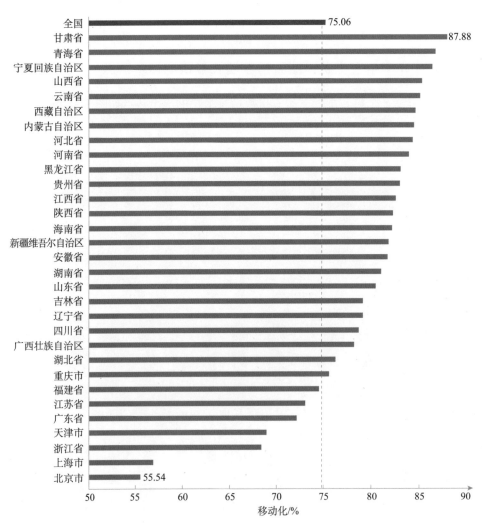

图 1-39　2017 年中国网民科普搜索指数的移动端占比

（二）广东省网民的科普搜索份额最高，北京市网民的科普搜索意愿最强

2017 年全年，广东省网民的科普搜索份额最高，占全国的 12.0%；北京市网民的科普搜索意愿最强，搜索 TGI 高达 268。北京市、上海市、浙江省等十地网民的科普搜索意愿高于全国平均，其余 21 地网民的科普搜索意愿低于全国平均；陕西省、海南省、重庆市等地网民的科普搜索意愿排名显著高于搜索指数排名；青海省、新疆维吾尔自治区、西藏自治区等地的科普搜索份额及意愿均明显低于全国平均（图 1-40）。

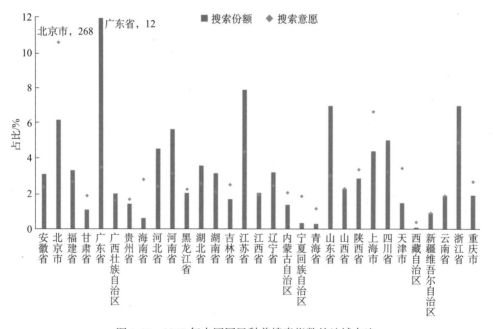

图 1-40 2017 年中国网民科普搜索指数的地域占比

（三）网民科普搜索关注点显现地域特色

从全国范围来看，北方地区网民更关注心血管类疾病，南方地区网民更关注传染类疾病；东南、西南地区网民更关注台风、地震等自然灾害，西北地区网民更关注环境和消防安全；相对于其他省（自治区、直辖市），北京、上海、天津、陕西、四川等地的网民对空气质量特别关注（表 1-6）。

表 1-6 2017 年各省（自治区、直辖市）科普搜索 TGI 关注点 TOP5

省（自治区、直辖市）	关注点 1	关注点 2	关注点 3	关注点 4	关注点 5
安徽省	造影	食道癌	禽流感	唐氏筛查	激光手术
北京市	$PM_{2.5}$	雾霾	空气质量	大数据	量子
福建省	台风	安全知识	预防针	灭火器	唐氏筛查
甘肃省	食品安全	药物流产	人工受孕	造影	太阳能
广东省	台风	尿酸	流感	无人机	智能
广西壮族自治区	安全知识	禽流感	卫星	肝病	艾滋病
贵州省	大数据	造影	水处理	禽流感	卫星
海南省	台风	空难	感染	乙肝	卫星
河北省	天然气	股骨头坏死	心肌缺血	太阳能	空气质量
河南省	电动车	心肌缺血	新能源汽车	艾炙	股骨头坏死
黑龙江省	心肌缺血	造影	甲状腺癌	股骨头坏死	更年期
湖北省	天然气	预防针	禽流感	支气管炎	破伤风
湖南省	黄疸	破伤风	肺结核	安全知识	麻疹
吉林省	心肌缺血	甲状腺癌	股骨头坏死	更年期	甲醛
江苏省	试管婴儿	转氨酶	神舟飞船	食道癌	肠癌
江西省	安全知识	预防针	禽流感	肝病	水处理
辽宁省	心肌缺血	更年期	股骨头坏死	免疫	心脏
内蒙古自治区	心肌缺血	环境	更年期	哮喘	积液
宁夏回族自治区	地震消息	安全知识	造影	灭火器	麦粒肿 *
青海省	3D	地震消息	环保	胃酸	防火
山东省	股骨头坏死	预防针	黄疸	婴儿发育	太阳能
山西省	神舟飞船	太阳能	更年期	腰肌劳损	环境
陕西省	雾霾	天然气	空气质量	禽流感	麦粒肿 *
上海市	空气质量	$PM_{2.5}$	淋巴细胞	空难	量子
四川省	地震	禽流感	空气质量	近视	$PM_{2.5}$
天津市	心肌缺血	$PM_{2.5}$	雾霾	空气质量	新能源汽车
西藏自治区	3D	卫星	心肌缺血	环保	麻疹
新疆维吾尔自治区	幽门螺杆菌	防火	麦粒肿 *	心肌缺血	灭火器
云南省	3D	人工受孕	艾滋病	防火	预防疾病
浙江省	台风	雷达	火灾	白细胞	火箭
重庆市	禽流感	食品安全	造影	激光手术	直肠癌

* 麦粒肿是睑腺炎的通俗说法。

三、科普群体的社会属性 [①]

（一）按职业划分，中国网民科普群体在教育行业最为集中

中国网民科普群体从事最多的前三项职业是教育、IT 通信电子和医药卫生。科普群体中从事教育业者占比最高，达 13.0%；其次是 IT 通信电子，占比为 9.8%；医药卫生从业者在科普群体中的占比为 7.7%，明显高于在全体网民中的占比（7.33%）（图 1-41）。

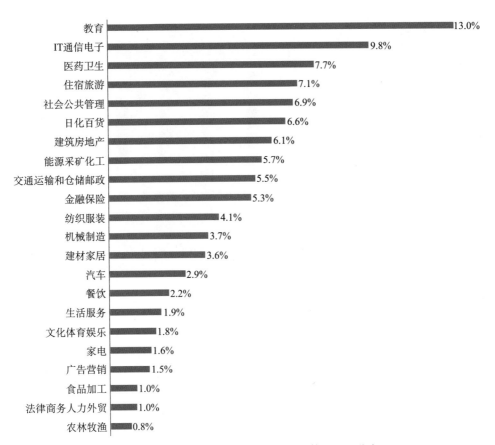

图 1-41　2017 年中国网民科普搜索群体的职业分布

① 基于科普关键词筛选规则，本报告使用了百度灵犀平台的部分数据来反映中国网民科普群体的一般社会属性。百度灵犀是从用户行为出发进行人群属性细分的数据平台。

（二）资讯、医疗健康和教育培训是中国网民科普群体的前三大兴趣领域

根据中国网民科普群体的网络信息行为划分其主要兴趣领域，资讯、医疗健康和教育培训位居前三，群体占比均超过10%（图1-42）。具体到教育培训，IT科目、K12课程和基础教育科目是科普群体最感兴趣的三大细分领域。

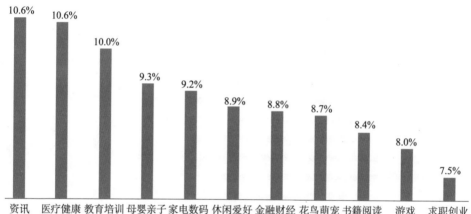

图1-42　2017年中国网民科普搜索群体的兴趣分布

四、重大科学工程——"天眼"传播分析

近年来，随着我国基础科学研究力度加大，"天宫"、"蛟龙"、"天眼"、"悟空"、"墨子"、大飞机等一系列重大科技成果相继问世。2017年10月，建于贵州省南部喀斯特洼地的中国"天眼"（500米单口径球面射电望远镜，FAST）在中国深空探测领域取得突破性发现，在大量媒体报道和网民关注驱动下，成为2017年第四季度最受瞩目的科学事件。

（一）科学事件：中国"天眼"首次发现脉冲星吸引网民高度关注

2017年10月，FAST首次发现2颗新脉冲星，这是中国射电望远镜首次发现脉冲星。12月，FAST再次发现3颗脉冲星并获得国际同行确认。科普搜

索数据显示：10～12 月，"天眼" FAST 的网民科普搜索指数于 10 月 11 日和 15 日达到峰值，指数累计为 35.9 万（图 1-43）。

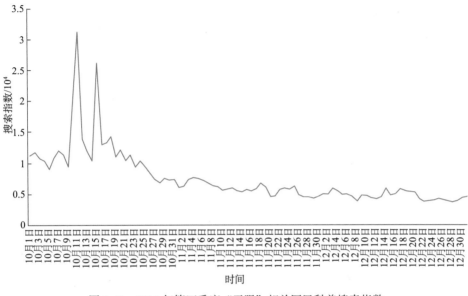

图 1-43 2017 年第四季度"天眼"相关网民科普搜索指数

（二）媒体传播："脉冲星"报道引爆科普舆情，"暗物质"经二次传播蹿红

百度资讯指数①显示，"脉冲星"率先于 10 月 11 日经媒体报道进入公众视野，一周后（17 日）到达峰值，带动"中子星"成为科普舆情焦点；随后"天眼"于 12 月再次发现脉冲星，"射电望远镜"的概念在二次传播中逐渐普及，科技报道和科普作品屡次提及的"暗物质"迅速蹿红，表明网民对"天眼"工程背后的科学认知更加深入（图 1-44）。

（三）受众细分："天眼""吸粉"女性和中年网民群体

数据显示，"天眼"更受女性和中年网民青睐。女性网民的关注份额为 32.4%，比其对科普总体（八大科普主题整体）高出 2.5 个百分点；30～39 岁

① 资讯指数：基于百度智能分发和推荐内容数据，综合了网民的阅读、评论、转发、点赞等信息凭据，能够全面反映网民对分发和推荐内容的响应程度。

和 40～49 岁网民对"天眼"的关注份额为 38.0% 和 10.9%，比其对科普总体高出 4.5 个和 3.8 个百分点（图 1-45）。

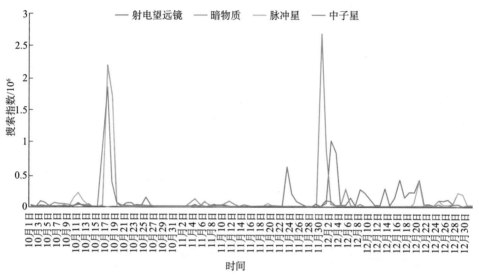

图 1-44 2017 年第四季度"天眼"相关资讯指数

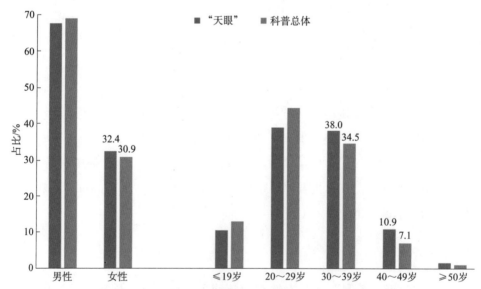

图 1-45 2017 年不同性别和年龄的网民群体对"天眼"的科普搜索份额占比

（四）地缘效应：大科学工程触发周边网民科普热情

从全国各省（自治区、直辖市）的关注份额来看，贵州省以及周边的云南省、广西壮族自治区、湖北省、重庆市等地网民对"天眼"的关注明显高于其对科普总体的关注，表明中国网民对"天眼"这类大科学工程的关注受到地缘因素影响（图1-46）。

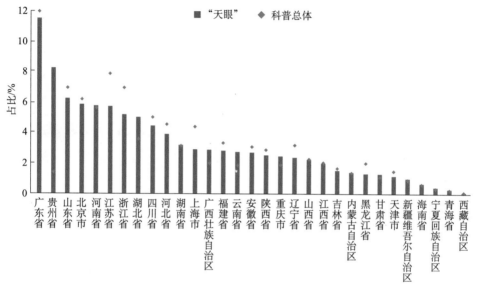

图 1-46　2017 年各省（自治区、直辖市）网民对"天眼"的科普搜索份额

五、科普搜索热点事件年度盘点 ①

（一）首艘国产航母下水

2017 年 4 月 26 日，我国第二艘航空母舰也是我国首艘自行研制的航母正式下水，出坞下水是航空母舰建设的重大节点之一，标志着我国自主设计建造航空母舰取得重大阶段性成果，吸引了中国网民的目光。

（二）发现双中子星并合引力波

2017 年 10 月 16 日 22 时，美国国家科学基金会召开新闻发布会，宣布激光干涉引力波天文台（LIGO）和室女座引力波天文台（Virgo）于 8 月 17 日

① 此部分热点事件依据科普搜索指数高低进行排序。

首次发现双中子星并合引力波事件，国际引力波电磁对应体观测联盟发现该引力波事件的电磁对应体。同时，我国第一颗空间 X 射线天文卫星——慧眼 HXMT 望远镜对此次引力波事件发生进行了成功监测，为全面理解该引力波事件和引力波闪的物理机制做出了重要贡献。

（三）"天舟一号"货运飞船成功发射

2017 年 4 月 20 日，我国第一艘货运飞船"天舟一号"在海南文昌发射中心发射升空，并与在轨运行的"天宫二号"空间实验室开展了一系列任务，成功验证了空间站货物补给、推进剂在轨补加、自主快速交会对接等关键技术。"天舟一号"飞行任务取得圆满成功，标志着中国载人航天工程第二步胜利完成，成为中国网民讨论的热点话题。

（四）可燃冰试采成功

2017 年 5 月 18 日，我国南海全球首次试开采可燃冰成功，这是我国也是世界首次成功实现泥质粉砂型天然气水合物安全可控开采，因此成为中国网民关注的热点事件。

（五）福寿螺食品安全事件

2017 年 8 月 2 日，一篇帖子在网上盛传，事件主人痛诉了自己在今年 2 月到大理游玩吃到福寿螺导致自己几个月来治疗无效后流产的事情。之后有网友通过微博爆料，称在成都宽窄巷买到味道不对的"田螺"，相关部门随即介入调查，后经水产专家鉴定，这份"田螺"实则为福寿螺，引发了中国网民对此事件搜索指数的急剧飙升。

（六）光量子计算机诞生

2017 年 5 月 3 日，中国科学院在上海举行新闻发布会，并公布世界上第一台超越早期经典计算机的光量子计算机诞生。这标志着我国的量子计算机研究已迈入世界一流水平行列，因此成为中国网民搜索的焦点。

（七）中国人工智能大会成功召开

2017年7月22～23日，第三届中国人工智能大会（CCAI 2017）在杭州国际会议中心召开，这是中国人工智能界级别最高、最权威的学术盛会，因此受到网民的较大关注。

（八）科学家使用500米单口径球面射电望远镜发现脉冲星

2017年10月10日，中国科学院国家天文台发布消息，宣布科学家们使用位于贵州的FAST（500米单口径球面射电望远镜）发现了2颗新的脉冲星，这是中国人第一次使用自己的望远镜找到新的脉冲星，因此引起中国网民的关注。

（九）"悟空"暗物质卫星新发现

2017年11月27日，中国科学院在北京举行新闻发布会，宣布"悟空"暗物质卫星取得重大成果，"悟空"卫星获得世界上最精确的高能电子宇宙线能谱，成为中国网民关注的热点之一。

（十）首颗X射线天文卫星"慧眼"发射升空

2017年6月15日，我国在酒泉卫星发射中心采用"长征四号"乙运载火箭，成功发射首颗X射线空间天文卫星"慧眼"，填补了我国空间X射线探测卫星的空白，实现了我国在空间高能天体物理领域由地面观测向天地联合观测的跨越，也成为中国网民关注的热点事件。

第四节 中国网民科普需求搜索行为相关分析

基于2013年以来的中国网民科普需求搜索行为数据，本节对2013～2017年中国网民科普搜索主题的增长趋势进行总结，并对2017年中国网民科普搜索热点的结构性特征以及不同网民群体间的结构性差异进行了分析和阐述。

一、科普搜索主题的发展趋势

（一）2013～2017年网民科普搜索总体增长趋势

搜索数据显示，8个科普主题的年度总搜索指数由2013年的22.75亿增长至2017年的54.64亿，5年来整体增长148.07%。其中，移动端搜索指数由11.20亿增至42.39亿，增幅达278.3%，PC端搜索指数由11.55亿增至14.05亿，增幅达21.67%，移动端增速远高于PC端。网民科普搜索指数增长最快的时期是2014～2015年。移动端搜索指数在5年间持续高速增长，PC端搜索指数增速在2015年后放缓，2016～2017年出现负增长（图1-47）。

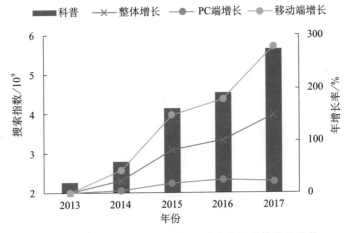

图1-47　2013～2017年网民科普搜索指数总体增长趋势

（二）2013～2017年网民科普搜索主题增长趋势

按照2013～2017年各科普主题的年度搜索指数增长情况排序，健康与医疗主题的增幅最高，达180.68%；其次是气候与环境，增幅达161.82%；信息科技排在第三位，增幅达153.09%；后面依次是航空航天（126.91%）、能源利用（124.12%）、前沿技术（75.80%）、应急避险（44.85%）、食品安全（32.31%）（图1-48）。

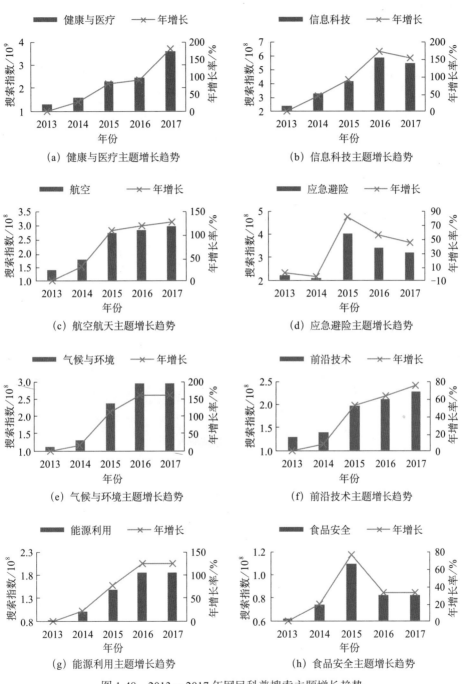

图 1-48 2013～2017 年网民科普搜索主题增长趋势

由图 1-48 可见，2013～2015 年，各个科普主题搜索指数呈加速增长趋势，而在 2015 年后出现了较明显的分化。分主题来看，健康与医疗主题持续快速增长；信息科技主题在 2016 年达到高位，2017 年有所下降；航空航天、气候与环境、前沿技术、能源利用 4 个科普主题的增长放缓；应急避险和食品安全 2 个科普主题则出现了较明显的下行。从历年的报告数据分析，各科普主题与生活热点的相关性、科普事件的发生频次以及网民搜索不同主题时的终端使用差异，是导致以上趋势变化的主要因素。

（三）2013～2017 年网民科普搜索主题占比变化

2013～2017 年，健康与医疗主题在全科普内容域中占比明显上升，平均占比达 57.19%；航空航天和气候与环境主题占比有所上升；信息科技和能源利用主题占比基本持平；前沿技术主题占比有所下降；应急避险和食品安全主题的占比明显下降（图 1-49）。

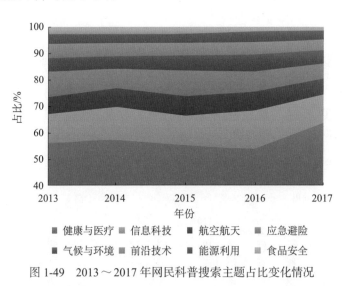

图 1-49 2013～2017 年网民科普搜索主题占比变化情况

二、科普搜索热点的结构特征

（一）网民科普搜索热点的长尾结构

对 1756 个科普搜索热点按搜索指数高低排序，选出排名前 20% 的 350 个热点。这些头部热点的贡献超过全部热点的总科普搜索指数的90%，其平均搜索指数达到全部热点的4.5倍，网民科普搜索热点的搜索指数分布呈现明显的长尾结构（图1-50）。

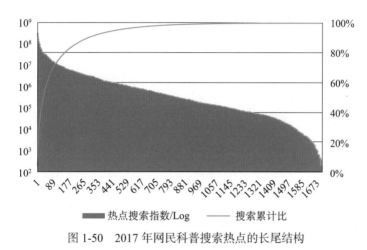

图1-50　2017年网民科普搜索热点的长尾结构

（二）科普搜索头部热点的主题分布

根据以上对头部热点的界定标准，健康与医疗主题下的头部热点有202个，占该主题全部热点的36%；信息科技主题下的头部热点有33个，占该主题全部热点的18%；航空航天主题下的头部热点有32个，占该主题全部热点的14%；前沿技术主题下的头部热点有22个，占该主题全部热点的11%；气候与环境主题下的头部热点有19个，占该主题全部热点的12%；能源利用主题下的头部热点有17个，占该主题全部热点的15%；应急避险主题下的头部热点有16个，占该主题全部热点的10%；食品安全主题下的头部热点有9个，占该主题全部热点的7%（表1-7）。各科普主题下的头部热点清单参见表1-8。

表1-7　2017年科普搜索头部热点统计　　　（单位：百万）

主题	头部热点数	指数（最高）	指数（最低）	指数（平均）
健康与医疗	202	324.9	2.9	22.7
信息科技	33	163.7	2.9	20.6
航空航天	32	81.0	3.0	10.6
前沿技术	22	59.4	2.9	10.2
气候与环境	19	71.5	3.3	15.9

续表

主题	头部热点数	指数（最高）	指数（最低）	指数（平均）
能源利用	17	33.0	2.8	9.4
应急避险	16	178.9	3.1	27.1
食品安全	9	16.9	3.2	6.3
总计	350	324.9	2.8	19.4

表 1-8　2017 年各科普主题下的头部热点

主题	头部热点					
健康与医疗	疼痛	感冒	维生素	咳嗽	糖尿病	传染
	艾滋病	保健	腹泻	感染	健康	抑郁症
	乙肝	睡眠	咽炎	癌症	疫苗	癌
	乳腺病	预防疾病	肺炎	肠炎	白血病	肺癌
	尿酸	肿瘤	养生	宫颈癌	抗体	积液
	药物	唐氏筛查	肺结核	骨折	中医	白细胞
	预防	伤口	乳腺癌	黄疸	药物流产	胃癌
	造影	试管婴儿	艾灸	谷维素	狂犬病	细胞
	尿毒症	肝癌	人工受孕	免疫	狐臭	哮喘
	发育	椎间盘突出	DNA	HPV	胆固醇	肝炎
	遗传	禽流感	近视	疾病	拉肚子	肠癌
	心脏病	破伤风	红细胞	更年期	直肠癌	焦虑症
	血红蛋白	食道癌	淋巴癌	肚子疼	抗生素	甲状腺癌
	激光手术	CT	白癜风	淋巴细胞	癌变	肝病
	安眠药	心肌缺血	帕金森	白蛋白	人工流产	鼻咽癌
	脂肪填充	乳腺炎	流感	中性粒细胞	龋齿	健康体检
	血压	脚气	强迫症	黄连素 *	癌胚抗原	HPV 病毒
	酵素	癌症检查	发烧	乳腺	甲状腺	密度
	胃肠炎	股骨头坏死	子宫癌	结肠癌	渐冻症 **	流产
	预防针	胚胎	腰椎	核磁共振	胃炎	心肌梗死
	血清	丙肝	染色体	老年痴呆 ***	粒细胞	血栓
	化脓	麻疹	宫颈糜烂	风寒	乳腺纤维瘤	血糖高
	红血丝	玻尿酸	利巴韦林	灰指甲	胃肠感冒	肝脏
	思密达 ****	皮肤癌	促排卵	高血压	儿童发育	拉稀
	麦粒肿 *****	有氧运动	霉菌	激光	喉癌	单核细胞
	卡介苗	化疗	甲状腺肿	结石	结膜炎	磁共振

续表

主题	头部热点					
健康与医疗	肾炎	喉咙痛	忧郁症	卵巢癌	H7N9	艾灸
	骨癌	尿路感染	消化不良	抗癌	TCT 检查	血管
	口腔癌	脑震荡	微量元素	乳腺增生	华大基因	支原体感染
	免疫力低下	基因检测	血小板紫癜	耳垂	扁桃体肿大	动脉
	早餐食谱	高原反应	巨细胞病毒	前列腺增生	无氧运动	中暑
	高血压	屠呦呦	医疗器械	肺纹理	前列腺癌	背痛
	紫外线	干细胞	血小板	高度近视	尖锐湿疣	喉炎
	膀胱癌	冻疮	膀胱癌	B 超		
信息科技	软件	Wi-Fi	APP	数据	宽带	智能
	互联网	显示器	传感器	大数据	电子商务	VR
	物联网	信息	人工智能	4G	O2O	数据库
	云计算	通信	芯片	云服务	智能家居	软件开发
	虚拟现实	WLAN 是什么	iWatch	3G	通讯	模拟器
	智能电视	电商	网络安全			
航空航天	战斗机	天文台	神舟飞船	NASA	引力波	白洞
	雷达	虫洞	太阳能	登月	无人机	飞行器
	月球	浮岛式航母	空难	哈勃望远镜	龙卷风	行星
	太空	航空母舰	太阳系	航母	天舟一号	黑洞
	银河系	轰炸机	宇宙	火箭	运载火箭	霍金预言
	GPS	极光				
前沿技术	3D	机器人	VR	LED	量子	新能源汽车
	纳米	3D 打印	石墨烯	诺贝尔奖	3D 软件	磁悬浮
	杂交水稻	蛟龙号	碳纤维	OLED	液态硬盘	LED 光源
	聚合	无土栽培	航空母舰	诺贝尔	聚合	
气候与环境	空气质量	甲醛	PM$_{2.5}$	雾霾	环保	环境
	生态	暴雨	暴雪	污染	水处理	气温
	垃圾处理	大风	闪电	冰雹	臭氧	大气污染
	高温					
能源利用	电池	电动车	新能源汽车	太阳能	天然气	燃气
	煤	光伏发电	光伏	混合动力	太阳能发电	节能
	可燃冰	风力发电	石油	稀土	原油	矿产

续表

主题	头部热点					
应急避险	台风	地震	地震消息	防火	火灾	火山
	安全知识	灭火器	禽流感	龙卷风	洪水	台风"天鸽"
	避震	灭火	海啸	沉船		
食品安全	转基因	食品安全	食物中毒	奶粉事件	福寿螺	甲醇
	垃圾食品	食品安全小报	假鸡蛋			

* 黄连素为小檗碱的通俗说法。** 渐冻症为肌萎缩侧索硬化的通俗说法。*** 老年痴呆为阿尔茨海默病的通俗说法。**** 思密达为十六角蒙脱石的通俗说法。***** 麦粒肿为睑腺炎的通俗说法。

由图 1-51 可见，这些头部热点在相应主题下的搜索指数占比均超过 60%，表明图 1-50 中的热点长尾结构对于每个科普主题也同样存在。

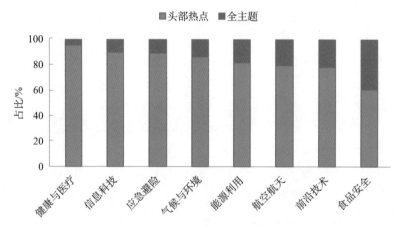

图 1-51　2017 年各主题下的头部热点的搜索指数占比

（三）科普搜索头部热点的外延宽度

科普搜索热点的外延与其所包含搜索条目的情况有关，搜索条目反映了网民想要了解或寻求解答的问题。某个热点下的搜索条目越多，围绕这一热点提出的问题越多，表明该科普搜索热点的外延越大。

本报告将热点所含搜索条目的数量定义为热点的外延宽度，分析了上述头部热点的外延结构（图 1-52）。分析结果显示，全部 351 个头部热点的外延同样表现出明显的长尾结构，86%（302 个）的头部热点集中于 10≤宽度≤1000 的范围内。其中，健康与医疗主题下的头部热点有 179 个，平均宽度达到 112；

应急避险主题下的头部热点有 16 个，平均宽度达到 228；气候与环境主题下的头部热点的平均宽度为 139；信息科技主题下的头部热点的平均宽度为 118；食品安全、航空航天、能源利用和前沿技术主题下的头部热点的平均宽度较低（＜75）。

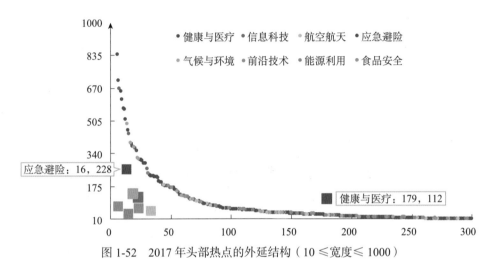

图 1-52　2017 年头部热点的外延结构（10 ≤宽度≤ 1000）

对头部热点的外延分析表明，网民对应急避险、气候与环境、信息科技和健康与医疗主题下相关热点的关注面较广，关注的问题更多元和明确；对食品安全、航空航天、能源利用和前沿技术主题相关热点的关注面较窄，关注的问题相对集中。

三、科普搜索的群体间差异

（一）网民科普搜索的年龄间差异

对比各年龄层的网民对不同科普主题的搜索意愿（图 1-53）发现，科普主题在不同年龄群体中的关注度明显地分化成几个层次：30～39 岁和 40～49 岁网民的科普搜索意愿最强，搜索 TGI 分别达到 224 和 185，显著高于平均水平（100）；20～29 岁网民的科普搜索意愿较弱，搜索 TGI 为 87，略低于平均水平；19 岁以下和 50 岁以上网民的科普搜索意愿最弱，搜索 TGI 均远低于平均水平。

分主题来看，30～39 岁的网民群体最关注能源利用主题，其次关注食品安全问题；40～49岁网民同样最关心能源利用主题，对健康与医疗的关注略高于其他主题；19岁以下和19～29岁的年轻人群对航空航天的搜索意愿高于其他主题。

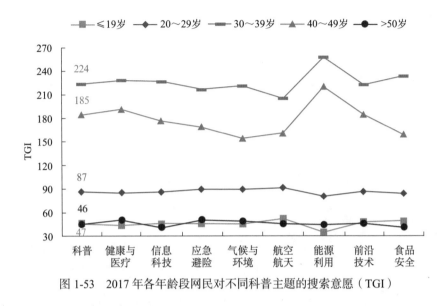

图1-53　2017年各年龄段网民对不同科普主题的搜索意愿（TGI）

（二）网民科普搜索的性别间差异

对比男女网民对不同科普主题的搜索意愿发现，女性网民的科普搜索TGI为119，男性网民的科普搜索TGI为87，女性网民的搜索意愿明显强于男性。特别地，女性网民对健康与医疗的搜索意愿明显高于男性网民，对食品安全、气候与环境和应急避险等安全相关议题的关注度也高于男性（图1-54）。

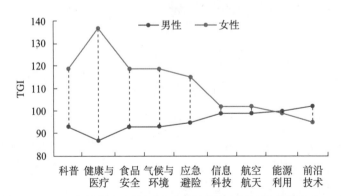

图1-54　2017年男性和女性网民对不同科普主题的搜索意愿（TGI）

（三）网民科普搜索的地域间差异

全国网民对不同的科普主题表现出差异化的搜索意愿（图 1-55）。按照地域间 TGI 排序，表 1-9 列出了各个科普主题下搜索意愿最强的 5 个地区。地域间 TGI 数据显示，应急避险、气候与环境和前沿技术的地区搜索差异非常明显，信息科技和能源利用的差异较为明显，健康与医疗和航空航天的差异相对不明显。

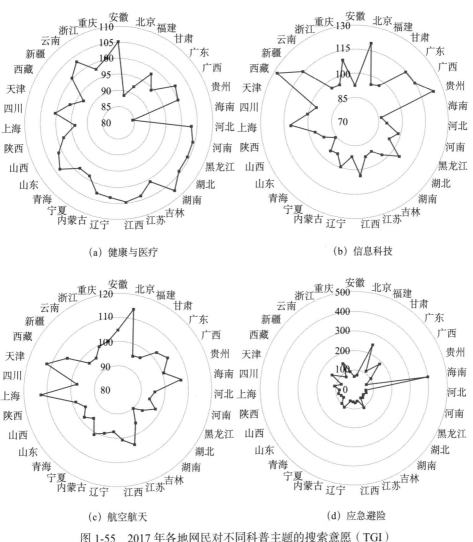

(a) 健康与医疗　　　　　(b) 信息科技

(c) 航空航天　　　　　(d) 应急避险

图 1-55　2017 年各地网民对不同科普主题的搜索意愿（TGI）

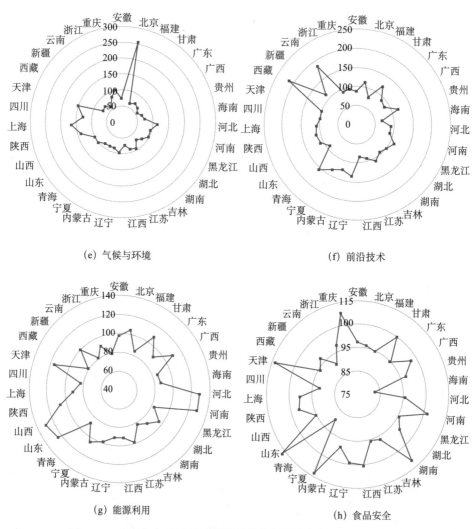

图1-55 2017年各地网民对不同科普主题的搜索意愿（TGI）（续）

表1-9 2017年各地网民对不同科普主题的搜索意愿TOP5

主题	健康与医疗	信息科技	航空航天	应急避险	气候与环境	前沿技术	能源利用	食品安全
地区TGI	湖南省108	西藏自治区128	北京市114	海南省403	北京市259	西藏自治区214	山西省129	山东省116
	安徽省105	贵州省123	上海市112	福建省246	上海市165	云南省185	河南省129	天津市113
	江西省105	北京市120	天津市112	广东省189	天津市152	青海省156	河北省128	宁夏回族自治区113

主题	健康与医疗	信息科技	航空航天	应急避险	气候与环境	前沿技术	能源利用	食品安全
地区 TGI	河南省 105	新疆维吾尔自治区 116	海南省 107	浙江省 146	陕西省 139	辽宁省 137	山东省 124	湖南省 112
	湖北省 104	广西壮族自治区 115	西藏自治区 105	西藏自治区 137	四川省 128	宁夏回族自治区 134	天津市 116	重庆市 110

（四）网民科普搜索的移动端占比差异

全国网民在搜索不同的科普主题时，表现出明显的终端使用差异。分主题来看，网民搜索健康与医疗主题的移动端占比最高，全国平均占比达到82.4%；搜索信息科技主题的移动端占比最低，全国平均占比为55.2%（表1-10）。分地区来看，甘肃省网民搜索科普内容的移动端占比最高；达到85.9%，北京市网民搜索科普内容的移动端占比最低，为54.1%。

表 1-10　2017 年各科普主题的移动端搜索占比

主题	健康与医疗	应急避险	气候与环境	食品安全	航空航天	能源利用	前沿技术	信息科技
占比/%	82.4	72.5	65.9	66.4	63.8	62.1	60.1	55.2

在搜索不同的科普主题时，网民在终端使用上表现出选择的一致性（图1-56）。除海南省外，其他所有地区的网民使用移动端搜索健康与医疗主题的比例均最高，大部分地区的网民使用移动端搜索信息科技主题的比例均最低。

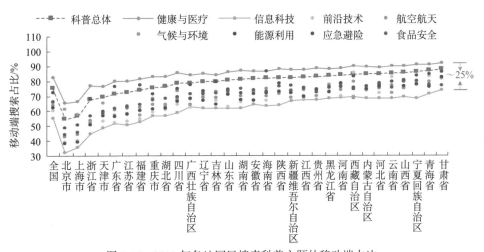

图 1-56　2017 年各地网民搜索科普主题的移动端占比

数据显示，网民科普搜索的移动端占比呈现地区性差异，经济欠发达地区的移动端占比明显高于经济发达地区；但在全国范围内，健康与医疗和信息科技主题的移动端占比均保持有约 25% 的差距。这一分析表明，在具有明确知识导向的搜索行为中，PC 端网民仍然是一个不可忽视的重要群体。

第二章

互联网科普舆情数据报告

　　互联网科普舆情是指借助互联网，通过连接到网络的各种设备获取到的受众对科普类信息的态度和观点。在新媒体时代，互联网科普舆情不仅可以快速产生，而且会快速发酵，进而对科普领域主管部门的工作产生影响。及时了解互联网科普舆情，对于科普领域主管单位来说意义重大：一方面，可以对正面科普舆情进行相关强化与扩散，促进科普领域工作；另一方面，对于带有负面情绪的科普舆情则可以找到其背后的深层原因，有针对性地进行疏解，为公众释疑解惑，从而让科普工作做到良性发展。

　　2018 年，中国科普研究所与北京清博大数据科技有限公司（以下简称清博公司）合作开展了以大数据抓取、挖掘、分析为基础的互联网科普舆情研究工作。该研究工作通过对全网科普大数据的抓取与分析，了解网民关注的科普领域热点，通过对重点、热点科普事件发生时的科普舆情开展多维度分析，解读事件发酵的传播路径与公众态度，为相关部门决策提供科学依据和支持。该研究工作的数据抓取回溯至 2017 年全年，本章所使用的数据即为 2017 年全年的数据，对在其数据基础上产生的各类研究报告进行分析阐述。

第一节 互联网科普舆情数据报告内容框架

为了获取数据，清博公司监测了近 3 亿个微博账号、2100 万个微信公众号、4 万家网站、1000 家论坛及博客、1000 个客户端、3716 万个今日头条号、1200 家电子报刊共七大平台的海量数据。本研究相关报告的数据抓取即以此为背景，根据提前选定的十大科普领域种子词，通过技术手段对全网七大平台的相关科普数据进行抓取，结合人工分析形成科普舆情研究报告。科普舆情研究报告共有四种呈现形式，分别是研究月报、研究季报、研究年报和科普舆情专报。

一、确定科普领域主题、种子词及监测媒介范围

在本次科普舆情研究中，中国科普研究所首先确定了十大科普领域主题及其种子词库，十大科普领域主题分别是健康与医疗、信息科技、能源利用、气候与环境、前沿技术、航空航天、应急避险、食品安全、科普活动和伪科学。每个科普领域主题下都有相应的种子词库，种子词库每月进行迭代更新。此外，根据科普舆情研究的领域，中国科普研究所与清博公司共同确定了监测媒介平台类别，通过技术手段为这些科普媒介平台打上科普标签，建立科普舆情监测的媒介平台范围，并定期进行迭代更新。

清博公司在以上工作的基础上，通过技术手段对不同媒介平台科普信息的用户群体特征、不同地域的科普信息量及用户阅览评价指标（粉丝数、文章数、阅读数、评论数、转发数、点赞数等）、重点热点科普信息的传播路径等内容进行抓取分析，以文字、图示、趋势图等形式进行呈现，形成研究月报、研究季报、研究年报和科普舆情专报。

二、科普舆情研究报告内容结构分析

互联网科普舆情报告主要通过"数据自动抓取＋人工阅览分析"的方式来形成。报告形式包括四种：月报、季报、年报和专报。

（一）月报

月报主要包括四个部分，分别是：分平台传播数据、总发文数走势图、十大科普主题热度指数排行、典型舆情案例。

（1）分平台传播数据。主要通过对微信、微博、网站、论坛及博客、客户端、今日头条号、电子报刊七大平台的相关科普信息进行抓取分析，统计不同平台的科普信息条数和百分比占比情况。对七大平台不同数量的信息条数用柱状图来呈现，对其不同的百分比占比情况用饼图来呈现。

（2）总发文数走势图。通过曲线图的形式，以天为单位呈现当月的全网科普信息量，从中可以看出信息量的高低起伏。报告中对月度信息量最高点和最低点会有相应的深入人工分析。

（3）十大科普主题热度指数排行。通过综合统计十大科普主题分别在全网七大平台上的信息总量，统计出热度指数，并对十大科普主题进行排名。此外，还通过表格和曲线图的形式对十大科普主题热度关键词及十大科普主题地域分布热区进行呈现，对十大科普主题典型文章及分平台热文进行排名和分析。

（4）典型舆情案例。每期研究月报都对当月的一个重点或者热点事件进行深入细致的舆情分析，具体包括：舆情概述、传播走势、舆论观点、网民画像、舆情研判及建议几个部分。

（二）季报

季报在月报的基础上撰写，主要包括以下几个部分：分平台传播数据、总发文数走势图、十大科普主题热度指数排行。

以上三个部分的内容形式与月报的内容、呈现形式及逻辑起点都是一样的，不同的是，季报的数据比月报的数据量更大、数据收集的周期更长，数据百分比分布及排名结果等略有不同。另外，因每份月报中都有一个当月的典型舆情案例分析，为了不重复，在季报中没有再设置这个部分。

（三）年报

年报在全年数据收集的基础上撰写而成，数据量更大，时间周期更长，相关结论和月报及季报也略有不同。在报告结构上与季报一样，去除了月报中的"典型舆情案例"分析部分，年报主要保留了三个部分的内容，分别是分平台传播数据、总发文数走势图和十大科普主题热度指数排行。

（四）专报

当中国科普研究所判断有重点、热点事件发生后，清博公司就以中国科普研究所提供的关键词对相关舆情信息进行数据抓取、分析与撰写，体现热点事件的传播路径图，分析其传播特点、用户特征及用户态度等，并以这些内容为依据，为有关部门提供决策依据。专报内容通常主要包括以下 6 部分。①事件概括：对舆情事件发生的背景及事件经过等进行概括阐述；②传播走势：对七大监测平台监测到的舆情数据量进行统计，并以曲线图形式来呈现，用文字阐述和分析事件舆情传播的总体趋势；③传播路径及引爆点图示：对事件发生后的传播源点及后续扩散的传播路径进行图表展示；④舆论观点：对主要媒体的观点和网友的主要观点进行提炼呈现；⑤网民画像：对关注事件的网民性别、兴趣、地域分布等信息进行抓取、统计，并进行图示呈现；⑥舆情研判及建议：对相关部门舆情应对提出相应建议。

三、数据分析方法

本研究采用文本分析法，共包括 12 份月报、4 期季报、1 期年报、1 期专报，研究首先对月报和季报采用统计学的方法进行间隔取样，参考 1 期年报和 1 期专报的相关内容，对样本中的相关数据结论进行分析，形成规律性认识。

第二节　互联网科普舆情数据月报案例

月报作为互联网科普舆情研究的重要成果之一，每一板块都有不同的目标，通过分析具有连贯性的月报板块，可以得出一些规律性认识。本节选取了2017年3月的月报案例进行展示，监测时段为2017年3月1～31日。

一、分平台传播数据

为了获取数据，清博公司监测了近3亿个微博账号、2100万个微信公众号、4万家网站、1000家论坛及博客、1000个客户端、3716万个今日头条号、1200家电子报刊共七大平台的海量数据。本月报以此为背景，进行全网七大平台的科普相关舆情信息抓取。

监测期间，全网涉科普相关的舆情信息共计105 346 177条。其中包含微信文章49 209 584条、微博29 003 186条、网站新闻24 765 081条、论坛发帖1 374 157条、客户端文章848 208条、头条文章37 617条、报刊新闻108 344条（图2-1）。微信、微博、新闻网站三者信息量的占比分别达到46.712%、

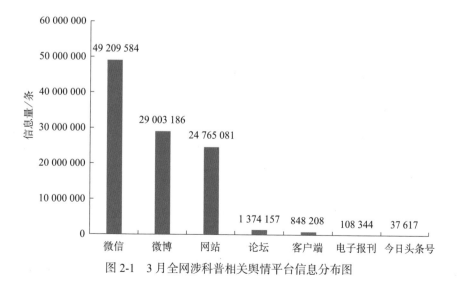

图2-1　3月全网涉科普相关舆情平台信息分布图

27.531% 及 23.508%，成为舆论传播主场。其次为论坛（1.304%）和客户端（0.805%），电子报刊与今日头条号涉相关舆论信息较少，合占信息总量的 0.139%（图 2-2）。

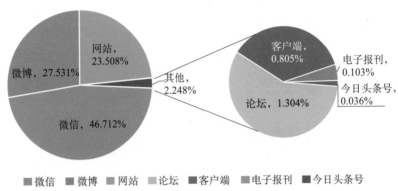

图 2-2　3 月全网涉科普相关舆情平台信息占比图

二、总发文数走势图

从舆情走势图可知，2017 年 1 月，全网每日涉科普信息传播量走势高低起伏剧烈。2017 年 3 月，全网日均输出科普相关资讯 300 万条以上。传播高峰则出现在 3 月最末周，27～31 日全网日均输出科普信息量涨至 482 万条以上，29 日单日信息传播量突破 543 万，抵达监测时段内传播制高点。分析其原因是：中共中央总书记、国家主席、中央军委主席习近平 3 月 29 日上午在参加首都义务植树活动时强调，植树造林，种下的既是绿色树苗，也是祖国的美好未来。要组织全社会特别是广大青少年通过参加植树活动，亲近自然、了解自然、保护自然，培养热爱自然、珍爱生命的生态意识，学习体验绿色发展理念，造林绿化是功在当代、利在千秋的事业，要一年接着一年干，一代接着一代干，撸起袖子加油干。此事件引发各大平台对气候环境相关信息的传播，使得在 3 月 29 日形成传播高峰。而 3 月 5 日（周日）、11 日（周六）及 19 日（周日）单日发文量均跌破 200 万条，日传播量高低走向基本顺应工休安排，传播低谷期常于周六、周日形成。综合来看，本月全网涉科普信息整体浮动较大，月末较月初、月中全网涉科普信息更多（图 2-3）。部分媒体及平台每周工作日和休息日的更文差异是其规律形成的重要原因。

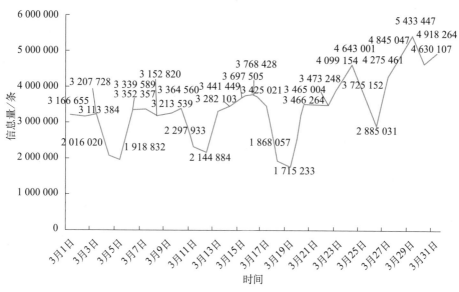

图 2-3 3 月全网涉科普相关舆情平台信息走势图

三、十大科普主题热度指数排行

2017 年 3 月，健康与医疗、信息科技、气候与环境分别以 30 049 612、25 503 279、13 759 500 的热度指数位于十大科普主题热度指数综合排行榜前三。七大平台针对伪科学的传播力度相对偏弱，其热度指数仅为 212 254，排于榜单尾部。从信息传播渠道来看，多个平台积极传播信息科技相关资讯，网站、微博、电子报刊、今日头条号在该题材上的投放量皆为最高。微信与客户端重在传播健康与医疗资讯，论坛则主涉前沿技术信息（表 2-1）。

表 2-1 3 月十大科普主题热度指数综合排行榜 （单位：条）

序号	科普主题	网站	微博	微信	电子报刊	论坛	客户端	今日头条号	热度指数
1	健康与医疗	4 478 573	5 750 095	19 237 672	20 609	323 543	230 237	8 883	30 049 612
2	信息科技	7 108 654	8 799 766	9 007 877	29 675	344 506	203 724	9 077	25 503 279
3	气候与环境	3 284 420	4 046 057	6 089 801	18 278	192 823	123 431	4 690	13 759 500
4	前沿技术	2 509 779	3 337 363	3 655 133	8 852	2 509 779	78 776	3 523	12 103 205

续表

序号	科普主题	网站	微博	微信	电子报刊	论坛	客户端	今日头条号	热度指数
5	航空航天	2 679 924	3 371 543	3 771 069	9 644	118 985	69 102	5 015	10 025 282
6	能源利用	2 997 477	2 001 370	3 763 205	13 714	165 789	70 639	3 156	9 015 350
7	应急避险	1 131 320	1 030 442	2 279 601	5 372	63 002	45 578	2 417	4 557 732
8	食品安全	360 797	495 105	990 795	1 550	26 693	18 276	623	1 893 839
9	科普活动	198 976	140 806	252 139	601	5 869	6 698	182	605 271
10	伪科学	15 161	30 639	162 292	49	2 315	1 747	51	212 254

注：热度指数是指十大科普主题各自在全网七大平台上的信息总量

（一）十大科普主题热度关键词

2017 年 3 月 5 日，国务院总理李克强在第十二届全国人民代表大会第五次会议上所做的政府工作报告中提到，加快培育壮大新兴产业。全面实施战略性新兴产业发展规划，加快新材料、新能源、人工智能、集成电路、生物制药、第五代移动通信等技术研发和转化，做大做强产业集群，这促使信息科技关联词汇热度高涨，主题下所有关键词的平均热度达到 1 134 650.4，其中"信息"一词以 6 147 345 的热点指数位居第一。此外，媒体于 3 月集中刊文解读《2017 中国城市癌症报告》，公众与媒体的目光再次聚焦健康与医疗领域，其中关键词"健康"的热度高达 4 153 598。而气候与环境主题关键词"环境"的热度较高，则与《山西省永久性生态公益林保护条例》将于 3 月 1 日起施行有关，促使网民对生态环境保护相关话题的讨论热情上涨（表 2-2）。

表 2-2　3 月十大科普主题关键词热度排行榜　　　（单位：条）

序号	科普主题	热度关键词（热度值）									
1	信息科技	信息 6 147 345	数据 5 596 092	互联网 1 665 049	APP 1 213 302	软件 821 891	通讯 653 465	温度 599 191	电商 471 322	通信 405 713	信息化 325 527
2	健康与医疗	健康 4 153 598	疾病 1 073 467	食物 990 297	预防 859 485	污染 849 260	养生 761 406	中医 655 323	心脏 648 077	元素 636 816	保健 632 078
3	气候与环境	环境 4 011 299	环保 1 405 366	垃圾 1 334 274	生态 1 218 730	污染 849 249	饮食 674 847	气温 336 398	辐射 305 805	空气质量 185 602	可持续发展 169 226

序号	科普主题	热度关键词（热度值）									
4	航空航天	地球 514 374	宇宙 429 585	太空 234 933	卫星 164 274	星球 151 449	紫外线 127 101	火箭 118 299	太阳能 105 995	雷达 103 736	无人机 97 134
5	前沿技术	能量 2 030 917	智能 1 494 958	生物 782 853	人工智能 516 175	3D 305 907	新能源 293 981	机器人 253 438	模拟 250 715	LED 228 714	新技术 200 350
6	能源利用	电子 1 429 783	电脑 866 619	能源 638 499	产能 375 677	电池 361 701	节能 325 249	功率 318 976	石油 299 395	电动车 221 084	发电 204 887
7	应急避险	飞机 595 511	预警 312 028	雾霾 310 896	高温 265 122	防护 215 976	火灾 199 811	大风 191 485	传染 165 682	地震 153 443	防火 151 975
8	食品安全	玻璃 618 433	食品安全 213 452	腹泻 153 217	流感 107 580	微生物 82 194	防腐剂 54 180	禽流感 52 010	转基因 50 972	垃圾食品 48 238	假酒 46 439
9	科普活动	知识产权 203 108	科幻 176 834	科协 43 506	科技馆 29 840	国防科技 17 299	科技成果+专利 12 484	大手拉小手 8 438	三体 8 084	青少年科技创新大赛 6 700	国防科技+航空 6 231
10	伪科学	迷信+风水 45 230	邪教 44 274	修行+法+教 31 862	迷信+占卜 21 915	迷信+算卦 18 132	迷信+解梦 13 998	迷信+星座 6 532	异常现象 4 760	特异功能 4 437	科学流言 3 415

注：按照十大科普主题十大热度关键词的总热度值排序

（二）十大科普主题地域发布热区

根据 3 月十大科普主题地域发布热区数据表最终计算可知，2017 年 3 月 1～31 日，北京市、广东省、山东省分别以 19 035 314、5 616 333、2 570 007 的信息发布总量位列全国 31 个省（自治区、直辖市）前三名（图 2-4）。

其中，北京市发布的科普主题内容集中在信息科技、健康与医疗、能源利用、气候与环境四方面，相关发布的内容数量均达到了 2 200 000 以上。该地区着重关注信息科技这一主题，其相关信息发布量达到 5 368 041 之高。而广东省和江苏省则较为关注健康与医疗这一科普主题的相关资讯，其发布的内容数量分别为 1 635 790 条和 742 772 条，各自占比其相应省份全月科普信息发布的 29.12% 与 29.08%。除此之外，在伪科学、科普活动等主题上，全国各个省（自治区、直辖市）发布的相关信息发布量均较少，人们对其关注度也相对较低（表 2-3）。

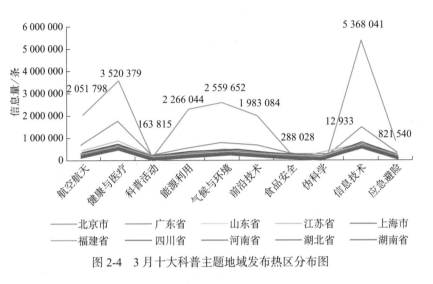

图2-4 3月十大科普主题地域发布热区分布图

表2-3 3月十大科普主题地域发布热区数据表 （单位：条）

主题 地域	航空 航天	健康与 医疗	科普 活动	能源 利用	气候与 环境	前沿 技术	食品 安全	伪科 学	信息 科技	应急 避险
北京市	2 051 798	3 520 379	163 815	2 266 044	2 559 652	1 983 084	288 028	12 933	5 368 041	821 540
广东省	631 996	1 635 790	17 630	432 664	691 463	548 343	100 369	7 990	1 337 879	212 209
山东省	285 848	686 150	9 656	222 427	383 480	269 261	46 513	3 294	567 810	95 568
江苏省	262 775	742 772	9 857	178 792	334 727	223 571	43 048	7 562	627 036	123 996
上海市	251 233	466 724	7 996	223 291	280 693	237 725	34 767	12 770	640 175	80 758
福建省	222 199	554 607	6 326	173 537	266 588	228 028	36 729	1 479	574 739	76 446
四川省	178 151	538 395	5 506	111 198	217 960	144 846	31 370	7 612	624 715	66 720
河南省	189 737	499 459	5 255	136 993	228 706	134 097	32 385	2 438	347 475	68 952
湖北省	153 102	355 152	6 249	119 094	188 328	128 273	26 045	2 411	345 725	58 788
湖南省	121 877	347 509	3 767	91 377	161 242	137 549	24 272	1 125	389 119	52 694
河北省	154 820	335 990	3 967	101 726	217 421	97 535	26 502	1 027	325 274	56 302
安徽省	124 065	318 959	3 988	85 073	151 629	136 392	21 574	919	331 923	53 607
重庆市	114 248	204 231	3 791	70 487	158 004	110 757	17 109	726	434 007	46 926

续表

主题\地域	航空航天	健康与医疗	科普活动	能源利用	气候与环境	前沿技术	食品安全	伪科学	信息科技	应急避险
辽宁省	129 821	293 157	4 064	91 843	163 971	129 407	27 507	882	268 449	47 979
山西省	108 986	258 487	12 648	99 462	145 896	114 358	17 285	903	295 528	48 039
陕西省	100 880	270 471	5 049	83 108	150 518	117 749	18 101	800	287 732	42 769
江西省	110 779	266 498	3 244	67 679	127 471	90 451	17 071	598	256 482	42 895
黑龙江省	75 083	197 503	2 389	53 019	130 246	90 862	22 841	720	243 573	27 317
广西壮族自治区	78 788	203 980	1 837	56 117	125 626	72 644	16 725	834	221 154	35 543
云南省	55 877	173 026	3 215	49 448	95 639	99 015	12 627	543	246 904	33 106
天津市	70 924	143 358	1 863	39 969	83 074	86 593	9 690	510	181 236	28 437
吉林省	58 401	157 145	1 603	39 425	74 903	60 069	9 616	465	187 004	23 702
内蒙古自治区	56 189	144 404	1 985	45 891	91 928	43 970	10 903	491	187 732	26 562
海南省	40 974	113 404	1 439	36 528	69 955	50 034	11 555	438	173 736	20 482
新疆维吾尔自治区	43 153	122 449	1 806	42 534	71 643	47 364	8 317	301	105 086	29 363
贵州省	41 947	116 372	2 149	32 347	69 099	40 915	8 321	819	85 961	24 981
青海省	23 421	68 819	989	24 049	64 590	28 310	4 744	231	82 449	11 438
宁夏回族自治区	22 594	80 074	8 132	24 088	42 608	28 290	4 950	177	62 911	13 710
西藏自治区	16 275	48 242	594	13 765	31 601	37 170	3 530	142	103 214	9 665
浙江省	1 666	6 870	113	1 953	2 899	1 727	505	21	4 585	1 050
甘肃省	647	4 643	21	617	1 201	432	286	15	1 808	444

注：按照31个省（自治区、直辖市）十大科普主题的总信息量排序

（三）十大科普主题典型文章及分平台热文排行榜

十大科普主题发文数排行榜如表2-4所示。

表2-4 十大科普主题发文数排行榜

排名	类别	发文数/条	典型文章
1	健康与医疗	30 049 612	蹲下起来头晕是贫血？
2	信息科技	25 503 279	HTC要6.3亿卖掉上海手机工厂　全力押宝VR
3	气候与环境	13 759 500	今年全球天气继续"极端和反常"
4	前沿技术	9 724 058	人工智能是让机器人取代人类吗？
5	能源利用	9 015 350	"树叶芯片"能提供液压动力？
6	航空航天	6 653 739	中国突破航母关键技术
7	应急避险	4 557 732	为什么会有月震？月震会持续多久？
8	食品安全	1 893 839	为什么转基因食品让人们忐忑不安？
9	科普活动	605 271	植物吃肉？你是成精了还是馋疯了！
10	伪科学	212 254	这些都是假的！公安部手把手教你识破骗局｜提醒

综合观察各大传播平台的十佳科普热文得出以下特点。

一是在主题类别上，榜内热文以健康与医疗、气候与环境和信息科技三大科普主题为主。内容主要涉及当前社会关注的环境气候和医疗疾病民生问题，可见用户在健康类资讯上投入较多阅读精力。微博、微信等平台涉科普类主题集中于健康与医疗，其中微博平台有半数主题为健康与医疗，微信排行中有九条涉及此主题。

二是在内容发布模式上，七成热文使用图片、短视频、音频等媒介技术搭配文字解读传递知识、发表观点，融媒传播形式向高阶创意融合迈进。

三是在标题拟定上，善于设置悬念，以此激发用户的阅读兴趣，但部分标题刻意留疑存在指向不明的缺陷，需警惕"标题党"的出现。在传播表现上，热度最高的为微信文章《饭前吃一物，排出体内10年湿气！健康又漂亮，神奇！》，该文以图文形式罗列了一年四季的饮食规范，并详细介绍了如何有效祛湿，同时配有多种中医药方。随着经济发展与生活水平的提高，民众越来越关注养生和疾病预防，因而此文获得"4万+"阅读量，成为本月人气最高的文章。

综合而言，网民极为关注健康养身、医疗发展等科普资讯，并对大气污染、生态环保等对身体健康存在影响的元素也给予较高关注。此外，信息技术、前沿技术等涉行业前景、动态的资讯也取得较高传播量。

四、典型舆情案例：《2017 中国城市癌症报告》出炉

（一）事件概述

2017 年 2 月，国家癌症中心发布了中国最新癌症数据，汇总了全国 347 家癌症登记点的数据。结果发现，中国城市居民从 0～85 岁累计患癌的风险高达 35%。2017 年 3 月，人民网、搜狐网、凤凰网、新浪网等媒体陆续刊文公布报告内容，并有媒体在解读报告时指出"每个人都有三成患癌风险""我国每天约有 1 万人确诊癌症，相当于平均每 7 分钟就有一个人得了癌症！"，由此引起舆论聚焦。

（二）传播走势

监测时段为 2017 年 3 月 1～31 日，清博大数据舆情监测系统共抓取全网相关信息 1872 条，其中包含网站新闻 470 条，占比 24.57%；微博文章 218 条，占比 11.35%；微信文章 510 条，占比 26.76%；客户端文章 425 条，占比 26.60%；论坛文章 161 条，占比 9.47%；电子报刊文章 24 条，占比 1.25%（图 2-5）。由 3 月全网涉《2017 中国城市癌症报告》的热度走势图可见，其相关热度在 2017 年 3 月 18 日达到高峰，随后热度稍有波动并逐渐回落（图 2-6）。

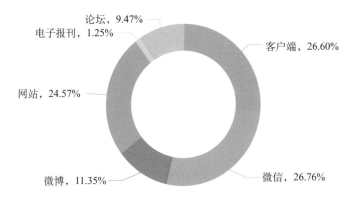

图 2-5　3 月涉《2017 中国城市癌症报告》全网相关舆情平台信息分布图

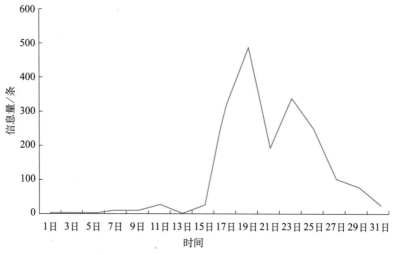

图 2-6　3 月全网涉《2017 中国城市癌症报告》相关舆情网络热度走势图

（三）舆论观点

监测显示，《2017 中国城市癌症报告》相关舆情情绪以负面情绪占据主导地位，占比高达 86.67%，相关舆论大多谴责客观因素所带来的危害及对自身健康状况的担忧。中性情绪占比 13.33%，无正面情绪（图 2-7）。

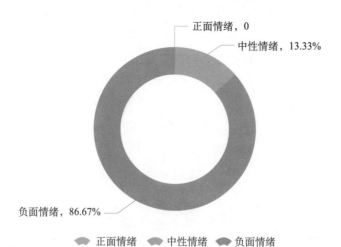

图 2-7　3 月涉《2017 中国城市癌症报告》全网相关舆情网民情感属性分布图

1. 主流媒体刊文解读报告内容提供防癌知识，标题拟定着重强调国民患癌率

2017 年 3 月，人民网、网易网、搜狐网等多家新闻网站分别以"《2017 中国城市癌症报告》出炉，每个人都有三成患癌风险""每天一万人被确诊患癌，40 岁以后发病率快速提升"为题，刊文解读《2017 中国城市癌症报告》内容，并针对该报告指出当前发病率较高的肺癌、消化系统癌、甲状腺癌等提供防御知识，安抚公众恐慌情绪。

2. 网民将癌症高发归咎于环境污染与食品问题，少量网民借此抹黑政府形象

微博网民"厚德载物 02131"留言称，"以前食品致癌，现在连空气都致癌，让我们怎么办"。网民"不放弃 104002"也表示，"让中国老百姓吃上干净的食品是最好的预防"。同时，有部分网民恶意扭曲政府形象。

3. 患癌者家属质疑药品质量安全，认为药品副作用过大，呼吁医药部门研发可替代药物

微博"大 V"罗昌平留言称，"父亲第二次患癌，两位不同年龄段的恩师还有老家集体确诊的四个乡亲均向我显示中国的癌症高发问题已不容忽视，然而中国不合理用药的情况十分严重，全国每年 5000 多万的住院病人中至少有 250 万人与药物不良反应有关。有句话是'水能载舟亦能覆舟'，药物也是同样的道理。药物多是由化学物质制成的，虽然能够调节人体的机能，起到治疗的作用，但是是药三分毒，可能会对人体造成一些位置的伤害。癌症就是常见的副作用，很多治疗癌症的药物有时也会引起体内其他部位的肿瘤。降低药品副作用、保证药品质量安全是国家义不容辞的责任。也希望所有患病之人渡过难关，健康长寿。"

4. 亚健康生活状态严重，暴饮暴食、缺乏运动等多种因素推波助澜

微博网民"前台号一哥"表示，"每天忙死忙活的，三餐都不定时还能在意防止得癌？"网民"大鱼游于深海"称，"身体是自己的，从今天开始坚持锻炼，每日长跑两公里"。

5. 存在少数恶意歪曲解读事实，否认医疗成果的言论

（略）

（四）网民画像

从关注此事的网民性别比例图来看，性别比例相差较小，女性所占比例较

高，达到 53.33%（图 2-8），分析关注此事的网民兴趣标签分布可知，关注此事的网民还热衷于健康与医疗、气候与环境等领域（图 2-9）。

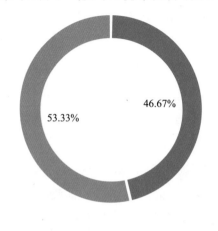

■ 男性 ■ 女性

图 2-8　3 月关注《2017 中国城市癌症报告》舆情网民性别比例图

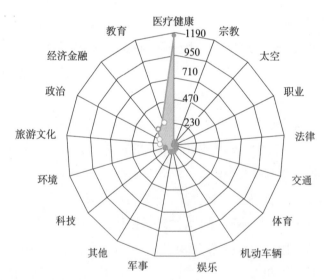

图 2-9　3 月关注《2017 中国城市癌症报告》舆情网民兴趣分布图

从关注此事的网民地域分布来看，该事件的信息发声量主要集中于北京、广东、浙江等经济发达省市（图 2-10），由此可见，在这类经济发达、网络交互技术设备完善的城市中，人们对健康与医疗类信息需求更大。此外，该类地区相较于西北等地区，社会压力大，人口稠密而环境污染严重易成为疾病高发地，且医疗技术研发领域水平更高，疾病预防的市场需求更旺盛，由此，上述地区网民也更为关注此类信息。

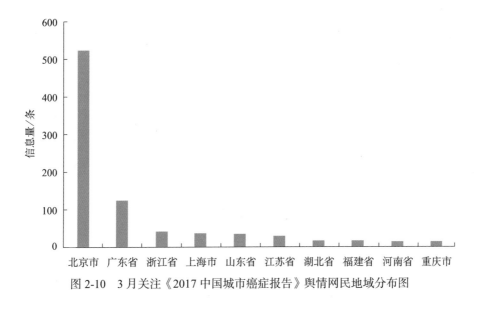

图 2-10　3 月关注《2017 中国城市癌症报告》舆情网民地域分布图

（五）舆情研判及建议

一是针对该事件，人民网、网易网、凤凰网、新浪网等媒体争相报道，在增加话题曝光度的同时，也实现了中国癌症预防信息普及方面的正面宣传引导。其中"每人都有三成患癌风险"这一话语元素成为各大媒体的共性传播话术，带动舆论场情绪整体倾向负面消极状态。建议媒体在进行舆论引导时，应避免过度解读数据内容，不应将可能引发公众恐慌的言语放入标题作为"吸睛"亮点，尽量做到客观发布报告数据，相应给予公众健康知识，尽力缓解群众对疾病的恐慌。

二是网民反馈掺杂各种杂音，其中不乏故意扭曲事实进行解读，发表"没有一例证明医院延长了患者的寿命"等不实言论，对此，"科普中国"平台应加强相关信息监测，积极发挥科普职能，协调网信、宣传部门合理进行议题设置，引导正面舆论，营造良好的传播氛围，对扭曲事实真相、煽动性的言论进行处理，将舆论负面影响降到最低。

互联网科普舆情数据季报案例

互联网科普舆情数据季报在数据月报的基础上撰写而成，是对当季全部数据的提取、挖掘和分析。与月报相比，季报监测的数据范围更广、信息量更大、时间周期更长，形成的数据统计结果更丰富。

以下是 2017 年第三季度的互联网科普舆情数据季报案例，监测时段为 2017 年 7 月 1 日～9 月 30 日。

一、分平台传播数据

为了获取数据，清博公司监测了近 3 亿个微博账号、2100 万个微信公众号、4 万家网站、1000 家论坛及博客、1000 个客户端、3716 万个今日头条号、1200 家电子报刊共七大平台的海量数据。本季报以此为背景，进行全网七大平台的科普相关舆情信息抓取。

2017 年 7～9 月，全网涉科普相关舆情信息总量为 450 974 086 条，包含微信文章 211 482 305 条、网站新闻 189 931 066 条、客户端资讯 19 504 738 条、微博 16 539 172 条、论坛发帖 6 891 282 条、今日头条号文章 4 014 002 条、电子报刊新闻 2 611 521 条（图 2-11）。其中，微信与新闻客户端平台比重相当，分别占比 46.89% 及 42.12%，成为 2017 年第三季度科普相关事件的主要传播渠道。其次为客户端与微博平台，两者分别占比 4.33% 及 3.67%。而电子报刊、今日头条号及论坛所含的信息权重较低，合占 3%（图 2-12）。

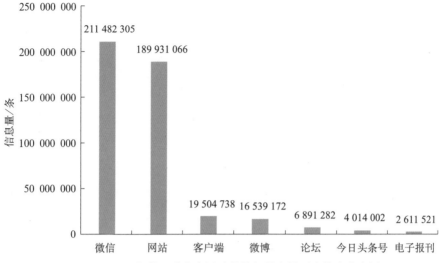

图 2-11　2017 年第三季度全网涉科普相关舆情平台信息分布图

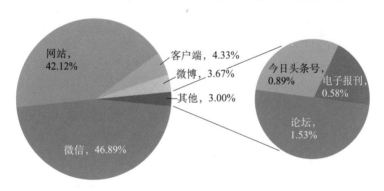

图 2-12　2017 年第三季度全网涉科普相关舆情平台信息占比图

二、总发文数走势图

2017 年第三季度，全网涉科普信息传播月度走势呈现一路上扬的递增态势。7 月累计推出相关信息 143 484 974 条，源于当月中国国际数码互动娱乐展览会、港珠澳大桥海底隧道正式贯通、陕西或发现最早人类等事件的发生，引发民众广泛关注。8 月，在"墨子"号完成三大实验任务、107 篇中国作者论文集中被撤稿、华人科学家找到"天使粒子"存在的铁证等热点事件的带动下，当月科普相关信息量涨至 147 942 151 条，增幅达 3.11%。9 月"天舟一号"

货运飞船顺利完成了与"天宫二号"空间实验室的自主快速交会对接试验；海水稻试种成功，最高亩产为 620.95 公斤，远超预期；京沪干线正式开通等科学大事件的发生，助推当月科普信息量高达 159 546 961 条，环比上月增长 7.84%（图 2-13）。

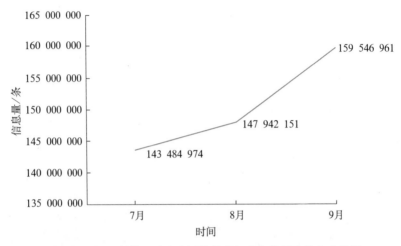

图 2-13　2017 年第三季度全网涉科普相关舆情平台信息走势图

三、十大科普主题热度指数排行

2017 年第三季度，健康与医疗主题以 116 654 887 的综合热度指数位于榜单首位。信息科技主题以 105 737 761 的综合热度指数位居第二。气候与环境主题位于榜单第三，但其热度指数相比信息科技下降 43.63%。可见第三季度全网科普信息聚焦在健康与医疗及信息科技两大领域。在平台方面，微信与微博平台含有较多的健康与医疗相关资讯，其中多数文章或博文侧重传播健康养生知识（表 2-5）。

表 2-5　2017 年第三季度十大科普主题热度指数综合排行榜（单位：条）

序号	科普主题	网站	微博	微信	电子报刊	论坛	客户端	今日头条号	热度指数
1	健康与医疗	32 522 029	3 187 536	73 688 071	512 178	1 601 841	4 497 102	646 130	116 654 887
2	信息科技	54 609 470	2 871 526	40 224 966	648 292	1 715 709	4 644 698	1 023 100	105 737 761

续表

序号	科普主题	网站	微博	微信	电子报刊	论坛	客户端	今日头条号	热度指数
3	气候与环境	24 246 588	3 182 412	27 499 123	470 577	899 376	2 759 526	543 164	59 600 766
4	能源利用	22 721 457	1 170 108	17 134 256	285 124	801 818	1 771 151	434 310	44 318 224
5	航空航天	21 643 300	1 458 068	16 871 057	230 513	711 709	1 920 432	456 870	43 291 949
6	前沿技术	19 432 531	1 738 359	16 884 244	214 586	569 408	1 940 442	462 564	41 242 134
7	应急避险	10 728 684	2 460 043	13 553 722	195 707	422 452	1 517 116	369 524	29 247 248
8	食品安全	2 679 785	320 881	4 103 482	33 693	134 117	319 446	55 400	7 646 804
9	科普活动	1 247 741	96 323	1 172 227	19 524	24 929	113 339	20 924	2 695 007
10	伪科学	99 481	53 916	351 157	1 327	9 923	21 486	2 016	539 306

注：热度指数是指十大科普主题各自在全网七大平台上的信息总量

（一）十大科普主题热度关键词

2017 年第三季度，食品安全主题下十大关键词综合热度最高，其中"玻璃"一词热度高达 3 056 236，这与部分媒体及网民在监测期内于各大论坛、网站讨论如何区分玻璃器皿是否为食用级相关。信息科技主题下十大关键词综合热度位居第二，"信息"与"数据"分别以 27 224 391、12 723 992 的热度指数分列第一、第二位，主要是由于大数据、人工智能、5G 时代汹涌来袭，信息技术的发展日新月异，使其成为媒体的报道重点和网民的关切点。位于第三的健康与医疗各类科普自媒体主打健康小知识，助推"健康"一词热度指数达14 207 173（表 2-6）。

表 2-6　2017 第三季度十大科普主题关键词热度排行榜（单位：条）

序号	科普主题	热度关键词（热度值）									
1	食品安全	玻璃 3 056 236	食品安全 731 180	腹泻 647 427	微生物 368 690	流感 276 518	假酒 211 192	防腐剂 217 993	转基因 128 357	食物中毒 118 681	食品添加剂 139 278
2	信息科技	信息 27 224 391	数据 12 723 992	互联网 8 507 327	电脑 4 006 242	软件 3 995 170	APP 3 566 979	通讯 3 435 491	温度 3 379 108	电商 2 270 783	通信 2 169 756
3	健康与医疗	健康 14 207 173	疾病 4 402 119	食物 3 670 969	预防 3 403 114	元素 2 938 195	中医 2 622 895	养生 2 542 638	保健 2 333 690	心脏 2 078 980	感染 2 051 663

序号	科普主题	热度关键词（热度值）									
4	航空航天	飞机 2 583 644	地球 1 495 216	宇宙 917 430	卫星 849 994	火箭 733 444	无人机 719 847	太空 605 904	雷达 563 249	太阳能 519 100	紫外线 484 738
5	能源利用	电子 8 223 961	能源 3 338 732	产能 1 783 886	功率 1 696 976	石油 1 681 839	电池 1 604 936	新能源 1 547 609	节能 1 414 042	发电 1 147 101	煤炭 1 050 629
6	前沿技术	智能 6 721 320	能量 3 759 022	生物 3 492 910	人工智能 1 684 264	机器人 1 416 924	3D 1 352 423	模拟 1 302 527	LED 1 132 281	新技术 1 064 852	科技创新 961 829
7	应急避险	高温 2 983 170	地震 1 717 879	预警 1 593 740	暴雨 1 529 628	防护 1 254 733	灾害 1 219 115	大风 1 118 610	火灾 1 013 288	台风 1 006 573	防火 739 447
8	气候与环境	环境 15 962 619	生态 6 158 832	环保 5 082 894	垃圾 3 643 435	污染 3 257 962	饮食 2 620 368	气温 1 679 019	辐射 1 319 667	可持续发展 846 448	生态文明 565 900
9	科普活动	知识产权 1 021 994	科幻 427 211	科协 181 099	科技馆 173 486	国防科技 94 746	科技成果+专利 78 184	三体 38 138	科学传播 30 256	国防科技+航空 28 194	国防科技+航天 27 644
10	伪科学	邪教 167 662	修行+法+教 127 961	迷信+风水 55 779	特异功能 28 208	异常现象 27 443	迷信+占卜 13 847	迷信+八字 13 203	"全能神" 12 407	"统一教" 11 893	迷信+算卦 10 555

注：按照十大科普主题十大热度关键词的总热度值排序

（二）十大科普主题地域发布热区

根据第三季度十大科普主题地域发布热区数据表最终计算可知，2017年第三季度，北京市、浙江省、广东省分别以116 648 603条、38 005 912条、24 825 550条的科普资讯传播总量位列全国31个省（自治区、直辖市）前三位。

其中，北京市、浙江省发布的科普内容集中于信息科技，传播量分别达到30 394 165条及9 080 015条。广东省则倾向于传播健康与医疗主题科普内容，传播总量为9 164 808条。其余28个省（自治区、直辖市）中，26个省（自治区、直辖市）将健康与医疗作为科普重点，上海市、重庆市重点传播信息科技，青海省重点针对气候与环境进行科普。此外，31个省（自治区、直辖市）均极少涉及伪科学话题，健康与医疗、信息科技引领第三季度传播热潮（图2-14，表2-7）。

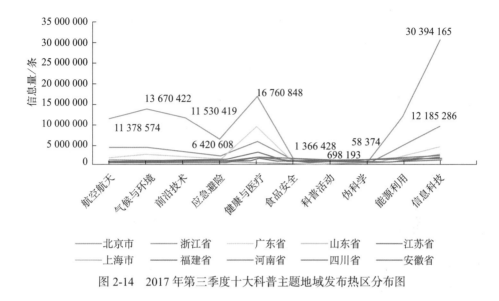

图 2-14 2017 年第三季度十大科普主题地域发布热区分布图

表 2-7 2017 年第三季度十大科普主题地域发布热区数据表（单位：条）

主题地域	航空航天	气候与环境	前沿技术	应急避险	健康与医疗	食品安全	科普活动	伪科学	能源利用	信息科技
北京市	11 378 574	13 670 422	11 530 419	6 420 608	16 760 848	1 366 428	698 193	58 374	12 185 286	30 394 165
浙江省	4 124 238	4 365 011	2 932 711	1 814 546	5 771 968	672 828	163 510	21 849	4 529 618	9 080 015
广东省	1 743 628	2 633 807	1 795 836	1 339 482	9 164 808	407 211	83 974	24 426	1 686 739	4 258 900
山东省	786 994	1 391 995	680 736	651 407	2 981 033	185 892	64 348	8 615	845 125	1 799 719
江苏省	694 590	1 206 605	617 643	588 400	3 027 003	170 312	42 777	19 280	653 893	1 697 216
上海市	938 385	750 710	791 540	405 522	974 092	77 699	30 817	5 152	955 148	2 385 745
福建省	682 738	896 021	581 510	496 667	1 830 195	108 188	30 799	7 229	702 696	1 689 428
河南省	466 273	830 465	423 195	434 128	1 947 854	106 909	25 402	6 838	510 132	1 121 236
四川省	472 009	877 060	369 046	516 243	1 361 511	93 064	31 673	6 586	435 545	1 018 427
安徽省	453 073	669 854	331 996	363 758	1 385 574	82 002	30 726	4 263	383 483	1 017 934
河北省	383 574	663 485	335 290	325 152	1 536 922	82 390	18 802	4 265	400 744	842 804
湖北省	447 317	700 565	315 851	342 425	1 222 727	73 133	22 530	4 706	352 762	1 037 218
湖南省	365 052	551 315	340 832	391 713	1 309 282	72 145	40 404	4 468	302 890	919 420
山西省	372 702	601 431	255 193	294 265	1 323 722	69 105	24 319	5 153	425 001	747 997
重庆市	455 111	507 664	316 314	290 931	698 152	52 863	22 168	3 731	351 023	1 027 025
陕西省	301 612	551 228	268 218	333 201	1 030 443	61 029	20 305	4 755	339 753	715 003
江西省	315 258	495 637	242 831	296 682	1 094 188	64 685	16 064	3 260	288 460	744 079

续表

主题\地域	航空航天	气候与环境	前沿技术	应急避险	健康与医疗	食品安全	科普活动	伪科学	能源利用	信息科技
辽宁省	359 005	449 331	284 339	267 022	966 379	66 495	16 636	3 689	309 041	783 801
广西壮族自治区	182 880	315 200	141 304	242 433	624 349	40 256	9 376	3 913	155 265	403 037
云南省	196 225	311 044	134 189	181 397	514 002	36 270	15 674	2 481	148 111	414 920
甘肃省	163 071	312 762	121 638	189 811	569 095	29 408	10 271	4 603	153 772	375 776
黑龙江省	156 856	260 992	126 080	149 134	639 985	38 928	9 941	2 066	135 350	333 796
内蒙古自治区	206 704	273 367	124 477	133 235	473 330	32 872	9 763	2 485	168 470	378 331
新疆维吾尔自治区	137 668	271 153	97 742	179 732	409 035	23 137	9 352	1 395	152 735	289 174
贵州省	166 200	246 460	93 239	141 656	384 607	21 702	39 510	2 083	104 691	373 367
吉林省	128 182	193 545	89 440	131 115	375 978	23 506	6 883	1 766	99 257	259 301
海南省	129 168	212 346	92 495	110 921	331 824	22 791	7 550	3 428	102 363	251 867
天津市	76 957	115 644	58 184	68 939	155 472	11 148	4 157	964	50 991	147 367
宁夏回族自治区	57 572	103 675	45 695	63 949	185 785	12 044	3 586	1 018	59 599	128 601
青海省	45 821	119 839	35 152	56 999	118 213	7 726	3 054	579	54 706	93 550
西藏自治区	15 649	31 040	9 527	13 118	37 773	1 911	737	509	11 057	27 747

注:按照31个省(自治区、直辖市)十大科普主题的总信息量排序

(三)十大科普主题典型文章及分平台热文排行榜

十大科普主题发文数排行榜如表2-8所示。

表2-8 十大科普主题发文数排行榜

排名	类别	发文数/条	典型文章
1	应急避险	29 247 248	高层发生火灾如何应对?
2	气候与环境	59 600 766	夏天来了,防寒比防暑更重要吗?
3	前沿技术	41 242 134	人工智能发展规划发布 都有啥重点任务?
4	信息科技	105 737 761	漫游费之外,更应该被取消的是垄断!
5	健康与医疗	116 654 887	"爆款"肺炎疫苗打不上?
6	食品安全	7 646 804	27个高铁站可点外卖 铁路部门将监督商家

排名	类别	发文数 / 条	典型文章
7	伪科学	539 306	辟谣:彩票分析师的话到底能不能信?
8	航空航天	43 291 949	太空两万里:中星9A的救赎与复活之路
9	科普活动	2 695 007	2017年全国科普日展馆花絮来袭!(组图)
10	能源利用	44 318 224	新能源汽车:短期"失速"不改增长大势

综合观察各大传播平台的十佳科普热文得出以下特点。

一是在主题类别上,榜内热文由健康与医疗类文章主导,在所有上榜热文中占比80%,体现用户对相关资讯的高度关注,反映现代人对健康生活的追求;其次为航空航天类文章,在所有上榜热文中占比10%,源于本季度出现"墨子"号完成三大实验任务、"天舟一号"完成自主快速交会对接试验等热点事件,带动了相关信息热度走高。

二是在内容发布模式上,上榜热文融媒介传播特征显著,文章综合运用图、文、短视频、音频等元素,内容丰富,可读性强。

三是在标题拟定上,各平台标题拟定具有不同特点,如微博平台多使用新闻式标题,言简意赅;微信平台标题多用感叹号强调语气,风格轻松;今日头条平台标题多用设问句,引发读者好奇;百度百家平台偏好噱头式结果导向标题,引发用户的阅读兴趣。

四是在传播表现上,第三季度微博、微信("双微")平台为科普类信息传播主场,用户阅读、互动参与度较高,其中,微博平台收获一篇转评赞总数超1万的热文,微信平台共收获6篇阅读量超10万的热文,传播表现优异。

第四节 互联网科普舆情数据年报案例

互联网科普舆情年报是在全年监测数据基础上形成的数据报告形式,年报主要包括分平台传播数据、总发文数走势图和十大科普主题2017年热度指数排行三个部分。

以下是2017年互联网科普舆情数据年报的案例,监测时段为2017年1月

1日～12月31日。

一、分平台传播数据

为了获取数据,清博公司监测了近3亿个微博账号、2100万个微信公众号、4万家网站、1000家论坛及博客、1000个客户端、3716万个今日头条号、1200家电子报刊共七大平台的海量数据。本年报以此为背景,进行全网七大平台的科普相关舆情信息抓取。

2017年,全网涉科普相关舆情信息总量为1 571 918 021条,包含微信文章702 929 198条、网站新闻527 905 088条、微博198 879 907条、客户端资讯107 830 537条、论坛帖子20 598 587条、电子报刊文章8 543 530条和今日头条号文章5 231 174条(图2-15)。其中微信平台和网站对科普信息的传播力度最大,占比分别达到了44.72%和33.58%。其次为微博和客户端平台,占比分别达到12.65%和6.86%,其他平台相关信息发布量和讨论量相对较少(图2-16)。综合可见,本年度,微信平台为科普知识传播的主要途径,各类科普类网站的运维力度较强,带动网站平台信息量增长,科普信息的传播主要依托域内公益和商业机构的稳定运作。

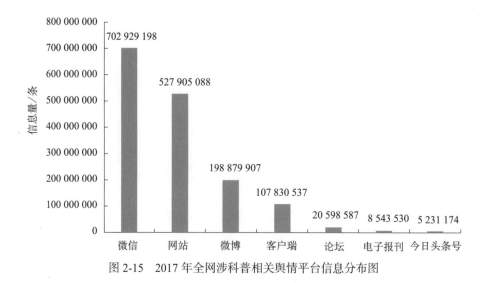

图2-15　2017年全网涉科普相关舆情平台信息分布图

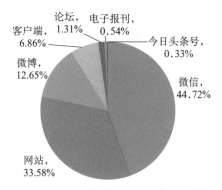

图 2-16　2017 年全网涉科普相关舆情平台信息占比图

二、总发文数走势图

从舆情走势图可知，2017 年 1～12 月，全网涉科普信息传播量整体呈震荡递增状态。2 月初受春节假日影响，传播走势较低。3～4 月信息量传播平稳。5 月受到五一劳动节影响，传播力度下滑。6 月开始进入暑假迎来旅游高峰，科普信息量开始明显走高。9 月 25 日中国的"天眼"项目完工，引发世界瞩目和全媒体争相报道，带动 9 月科普信息量形成一波高峰。11～12 月，"中国造" 1000 公斤级航空发动机亮相 2017 国际创新创业博览会、中国成功发射"阿尔及利亚一号"通信卫星、第二架 C919 大型客机在上海浦东国际机场完成首次飞行、全球首条 10.5 代液晶面板生产线在合肥投产等重大科普资讯接连来袭，助推当期科普信息传播量达到全年顶峰（图 2-17）。

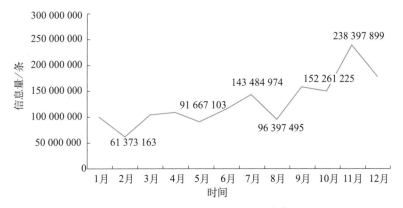

图 2-17　2017 年全网涉科普相关舆情平台信息走势图

三、十大科普主题 2017 年热度指数排行

从十大科普主题关键词热度排行可知，2017 年度最热科普主题为"信息科技"，源于国务院总理李克强在第十二届全国人民代表大会第五次会议上所做的政府工作报告中提到，加快培育壮大新兴产业。全面实施战略性新兴产业发展规划，加快新材料、新能源、人工智能、集成电路、生物制药、第五代移动通信等技术研发和转化，做大做强产业集群。各行各业积极响应号召，积极关注域内相关科研动态，助力"信息科技"关联词汇热度最高。健康与医疗主题热度紧随其后，2017 年，有网民亲历了浙江省某医院艾滋病感染和青岛市某医院乙肝感染暴发两起因违规操作引起的重大医疗卫生事故，目睹了江苏人民医院孙倍成教授被暴力刺伤、大理患者捅伤医生等恶性伤医事件，加之榆林产妇跳楼事件引发全网关注探讨，带动了社会对医疗健康方面的高敏度迟迟未降，健康与医疗关联词汇热度高涨。另外，随着 2017 年中央环保督查工作的全覆盖，民众环保意识增强，气候与环境关联词汇被频繁报道和讨论，助推该主题词汇位居十大科普主题榜单第三名（表 2-9）。

表 2-9 2017 年十大科普主题热度指数综合排行榜 （单位：条）

序号	科普主题	微博	微信	网站	客户端	电子报刊	论坛	热度指数
1	信息科技	32 524 550	139 107 680	173 064 545	11 409 282	2 192 646	5 113 201	364 736 987
2	健康与医疗	12 306 240	229 196 999	96 094 714	11 844 418	1 636 780	4 442 896	356 393 058
3	气候与环境	17 092 567	89 334 585	72 716 959	6 535 536	2 426 456	2 564 985	191 388 582
4	应急避险	35 610 276	82 504 931	28 068 781	3 488 901	531 212	1 525 233	152 229 939
5	能源利用	8 490 117	56 144 754	70 638 184	4 386 278	971 339	2 414 241	143 588 560
6	前沿技术	14 543 835	58 886 049	58 515 672	5 019 167	736 386	4 140 217	142 429 476
7	航空航天	7 040 797	51 038 432	69 782 327	4 346 188	785 257	1 776 265	135 359 075
8	食品安全	16 365 124	20 488 136	7 902 704	930 246	117 391	611 425	46 496 789
9	伪科学	11 107 333	15 250 985	296 820	307 907	23 405	364 697	27 366 031
10	科普活动	1 737 085	6 007 249	3 999 338	311 713	68 258	114 462	12 268 497

注：热度指数是指十大科普主题各自在全网七大平台上的信息总量

（一）十大科普主题热度关键词

由十大科普主题的关键词热度指数排行可得，2017 年度信息科技中的"信息"一词热度最高，热度值达 93 242 627，主因 2017（第十五届）中国信息技术创新大会、2017 中国信息技术主管大会等行业重大会议陆续召开，带动了相关词汇讨论量热度上涨。此外，健康与医疗中的"健康"和"气候与环境"中的"环境"热度较高，热度值分别达到 60 832 259 和 54 220 266，综合反映了民众对健康生活的要求主要寄托在自我保健和环境优化方面。在航空航天主题前十大关键词中，频繁出现"地球""宇宙""卫星""太空""火箭""星球"等词汇，得益于国际航空航天基地有望落地金昌、FAST 射电望远镜首次发现脉冲星、中国成功发射"阿尔及利亚一号"通信卫星、第二架 C919 大型客机在上海浦东国际机场完成首次飞行等事件推高了相关词汇的热度（表 2-10）。

表 2-10 十大科普主题关键词热度排行榜 （单位：条）

序号	科普主题	热度关键词（热度值）									
1	信息科技	信息 93 242 627	数据 51 265 957	互联网 27 988 345	电脑 14 521 009	APP 13 371 164	软件 13 347 382	温度 11 212 011	通讯 11 019 639	电商 7 700 317	通信 7 056 666
2	健康与医疗	健康 60 832 259	疾病 15 820 894	食物 13 590 455	预防 12 234 860	养生 10 216 316	元素 10 117 054	心脏 10 038 682	中医 9 269 902	保健 8 758 092	感染 7 333 958
3	气候与环境	环境 54 220 266	生态 20 465 791	环保 17 069 978	垃圾 13 781 511	污染 11 678 493	饮食 9 535 725	气温 5 689 076	辐射 4 400 283	可持续发展 2 916 406	生态文明 2 077 083
4	前沿技术	智能 22 078 530	能量 17 343 811	生物 11 951 542	人工智能 5 764 352	新能源 5 056 392	3D 4 825 891	机器人 4 594 191	模拟 4 376 834	LED 3 502 560	新技术 3 461 861
5	能源利用	电子 26 483 232	能源 11 149 433	产能 5 856 264	电池 5 574 419	功率 5 423 040	石油 5 337 499	节能 4 905 710	发电 3 535 504	电动车 3 303 827	煤炭 3 088 331
6	应急避险	飞机 9 035 904	高温 6 480 157	预警 4 773 485	防护 4 038 701	地震 3 696 532	火灾 3 640 769	大风 3 586 004	雾霾 3 547 085	暴雨 3 123 621	灾害 2 988 315
7	航空航天	地球 5 699 445	宇宙 3 879 114	卫星 2 856 573	太空 2 544 328	火箭 2 197 333	星球 2 132 698	无人机 2 093 735	太阳能 1 772 921	雷达 1 708 690	紫外线 1 596 482
8	食品安全	玻璃 9 934 722	食品安全 2 435 218	腹泻 2 263 212	微生物 1 307 142	流感 1 190 098	防腐剂 782 650	假酒 731 646	转基因 545 643	垃圾食品 503 365	食品添加剂 464 504

续表

序号	科普主题	热度关键词（热度值）									
9	科普活动	知识产权	科幻	科协	科技馆	国防科技	科技成果+专利	三体	国防科技+航天	国防科技+航空	国防科技+武器
		3 574 596	1 634 219	609 884	486 555	287 671	239 513	171 648	102 717	101 251	89 512
10	伪科学	邪教	修行+法+教	迷信+风水	迷信+占卜	异常现象	迷信+算卦	特异功能	迷信+解梦	迷信+星座	迷信+八字
		527 296	519 110	353 247	116 387	96 435	90 647	86 869	57 928	50 156	45 334

注：按照十大科普主题十大热度关键词的总热度值排序

（二）十大科普主题地域发布热区

2017年，北京市科普信息发布总量居全国最高，达到1 011 003 673条。浙江省、广东省分别以197 262 218条、154 805 037条的信息发布总量位列全国第二、第三名。其中，北京市的信息发布以信息科技类为主，数量高达299 796 764条，占其科普信息总发布量的29.65%，比例远超其他省（自治区、直辖市），北京市作为我国的政治、文化中心，媒体分布密集，在相关政策发布、活动传播上资源渠道优势突出。从整体上看，经济发达地区对信息科技、航空航天、前沿科技相关方面的信息发布量更大，劳动务工人口密集地区更加重视对健康与医疗、应急避险等方面的科普信息发布，而重工业地区、能源主要产区更为重视能源利用、气候与环境等方面的科普工作（图2-18，表2-11）。

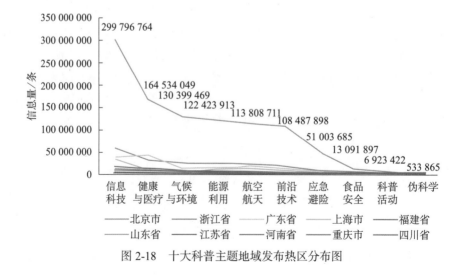

图2-18　十大科普主题地域发布热区分布图

表 2-11 十大科普主题地域发布热区数据表   （单位：条）

主题 地域	信息 科技	健康 与医疗	气候 与环境	能源 利用	航空 航天	前沿 技术	应急 避险	食品 安全	科普 活动	伪科学
北京市	299 796 764	164 534 049	130 399 469	122 423 913	113 808 711	108 487 898	51 003 685	13 091 897	6 923 422	533 865
浙江省	56 357 456	31 825 226	25 345 905	27 222 997	23 818 150	17 993 766	9 384 160	3 739 491	1 475 414	99 653
广东省	40 422 968	44 099 790	15 322 390	12 664 112	20 297 137	12 520 216	6 470 149	2 294 629	588 371	125 275
上海市	32 158 295	9 766 602	6 785 936	12 508 274	13 607 167	8 078 222	2 813 099	747 657	320 797	58 401
福建省	16 793 518	13 029 777	6 415 586	6 173 989	6 493 093	5 304 772	2 662 838	768 898	223 557	41 819
山东省	12 185 194	13 794 300	7 782 069	5 648 446	5 404 420	4 433 464	2 855 485	962 440	391 193	45 036
江苏省	10 798 979	13 882 184	6 294 931	4 226 007	4 353 529	3 729 883	2 581 403	799 610	240 933	74 237
河南省	9 312 894	10 163 343	5 374 409	4 712 916	3 752 389	3 284 704	2 029 232	592 531	154 033	32 353
重庆市	9 126 572	6 249 993	4 538 627	2 936 288	3 973 058	2 609 390	1 988 988	413 850	181 238	28 263
四川省	6 963 095	7 741 556	4 848 719	2 967 075	3 251 364	2 437 775	2 427 206	1 021 220	164 270	31 629
湖北省	7 299 635	6 878 581	4 583 232	2 577 335	3 199 915	2 274 678	1 835 337	394 346	132 593	26 374
安徽省	7 464 036	7 289 486	3 709 577	2 550 621	3 337 373	2 359 869	1 649 004	448 127	186 236	17 453
辽宁省	6 898 620	6 815 120	3 144 740	2 621 165	3 343 470	2 315 623	1 285 193	491 173	122 269	19 670
山西省	5 736 366	6 336 248	4 085 020	3 305 368	2 805 475	1 844 451	1 750 509	394 691	230 301	28 354
湖南省	6 299 878	6 102 133	3 273 367	2 192 712	2 582 234	2 117 684	1 562 788	380 168	180 110	17 508
河北省	5 181 880	6 925 749	3 528 216	2 462 131	2 381 487	1 946 043	1 410 236	399 240	102 582	17 846
陕西省	4 679 904	5 098 628	3 029 405	2 197 229	1 967 977	1 700 172	1 318 245	323 889	111 959	17 936
江西省	4 391 085	5 170 256	2 468 007	1 547 572	1 798 501	1 478 882	1 218 845	307 712	87 156	16 206
云南省	2 972 107	3 532 002	1 983 592	1 081 756	1 249 751	1 025 646	832 383	221 130	96 914	12 754
吉林省	2 480 284	2 883 570	1 678 213	1 104 182	1 145 542	1 086 135	731 376	237 869	86 426	10 906
广西壮 族自治 区	2 514 735	3 048 903	1 610 021	853 619	1 041 873	787 872	850 545	191 156	52 905	16 080
甘肃省	2 248 337	2 952 119	1 762 764	883 288	943 603	789 953	894 363	154 375	58 726	16 165
黑龙江 省	2 115 715	3 055 671	1 430 935	817 846	898 120	826 342	598 629	198 654	49 461	8 439
内蒙古 自治区	2 025 632	2 578 672	1 422 891	794 892	956 615	907 951	537 066	156 094	43 030	11 461
贵州省	2 525 920	1 924 339	1 370 542	626 574	1 125 861	591 226	583 357	111 136	386 705	7 850
海南省	1 820 417	2 402 348	1 279 933	689 241	887 610	684 325	548 766	184 756	43 204	20 817

主题 地域	信息 科技	健康 与医疗	气候 与环境	能源 利用	航空 航天	前沿 技术	应急 避险	食品 安全	科普 活动	伪科学
新疆维 吾尔自 治区	1 833 758	1 948 141	1 238 947	817 524	870 866	597 606	655 254	117 190	45 293	5 518
天津市	1 555 778	1 799 744	1 016 046	506 342	763 176	608 982	494 749	98 026	35 230	5 389
宁夏回 族自治 区	731 738	1 000 563	568 671	316 822	305 575	278 519	251 604	58 367	26 337	29 42
青海省	681 286	745 737	625 405	324 731	283 569	258 760	234 037	48 145	19 355	2 576
西藏自 治区	395 043	403 269	281 307	111 429	168 559	143 169	113 670	22 202	8 869	2 675

（三）十大科普主题典型文章及分平台热文排行榜

2017 年十大科普主题发文数排行榜如表 2-12 所示。

表 2-12　2017 年十大科普主题发文数排行榜

排名	类别	发文数 / 条	典型文章
1	信息科技	364 736 987	人工智能发展规划发布　都有啥重点任务？
2	健康与医疗	356 393 058	科普：当孕妇进了待产室时，什么情况下该剖腹产、顺产？
3	气候与环境	191 388 582	2017 年世界环境日：走上生态文明建设的"中国之路"
4	应急避险	152 229 939	高层发生火灾如何应对？
5	能源利用	143 588 560	中共中央　国务院电贺我国海域可燃冰试采成功
6	前沿技术	142 429 476	科学家将机器学习技术用于地震预测
7	航空航天	135 359 075	"火星 2020"：抓把岩土回来
8	食品安全	46 496 789	食品添加剂致癌？外面的食物还能吃吗？
9	伪科学	27 366 031	十年鸡头胜砒霜？其实真相没那么可怕
10	科普活动	12 268 497	2017 年全国科普日新疆系列科普活动启动

综合观察 2017 年度七大传播平台的十佳科普热文得出以下特点。

一是在主题类别上，健康与医疗类文章数量最多，占各平台上榜热文总量的 74%。尤其是微信平台和百度百家平台上榜热文均属于健康与医疗类，可见用户对养生保健、医疗常识等方面的信息需求量持续较大。

二是在情感表现上，各平台上榜热文以正面情绪为主，占比达 52%；中性情绪在五大平台上榜热文中占比 34%；负面情绪仅占 14%。其中，在新闻网站平台上榜热文中，正面情绪所占比例高达 90%，科普信息传播情感塑造以正面为主，用户对该方面信息的接纳度高。

三是在内容选材上，在各平台热文中，儿童健康、两性健康是最受关注的科普话题，相关文章占比达 42%，获得较好的传播效果。其中，百度百家热文《入秋 6 不洗，孩子再脏也不能让孩子洗澡！后悔看晚了！》共获 446 925 次阅读和 121 次评论，居于榜单首位；新闻网站科普热文 TOP1——《生二胎，医生的 8 条叮嘱》共有 56 080 条相似文章；今日头条平台文章《西安 32 岁女子被狗咬伤后打四针疫苗却狂犬病发作身亡，你怎么看？》累计获 6877 次阅读和 53 条评论。

第五节　互联网科普舆情数据专报案例

互联网科普舆情数据专报以引起社会重大反响的科普内容为主题，如 2017年的"国产大飞机 C919 成功首飞"事件的舆情分析专报，从概述、传播走势、平台分布、传播路径、情绪占比、舆论焦点、地域分布、人群画像、舆情总结9 个方面对该科普主题的相关内容进行了详细分析。

以下是 2017 年专报"国产大飞机 C919 成功首飞"的案例。

一、"国产大飞机 C919 成功首飞"专报概述

2017 年 5 月 5 日下午，由中国商飞公司研发的我国新一代大型喷气式客机C919 在上海浦东国际机场首飞成功。中共中央、国务院发来贺电称，"……首飞成功标志着我国大型客机项目取得重大突破，是我国民用航空工业发展的重要里程碑。这是在以习近平同志为核心的党中央坚强领导下取得的重大成就，体现了中国特色社会主义道路自信、理论自信、制度自信、文化自信，对于深入贯彻新发展理念，实现创新驱动发展战略，建设创新型国家和制造强国，推

进供给侧结构性改革，具有十分重要的意义。"国内外舆论对此高度关注，纷纷聚焦 C919 试飞情况和长远意义，肯定中国工业进步速度和实力，探讨了 C919 试飞成功对国际航空商业市场的综合影响。在国内，中央电视台、《人民日报》、《光明日报》、《中国日报》、《科技日报》、《中国青年报》、新华网、中国新闻网等 62 家主流媒体对该事件进行了报道和转载，高度认可 C919 试飞成功的正面意义，以"国之重器""国产力量""天空骄傲"等为题对事件进行播报，激发了广大民众的爱国热情和荣誉自豪，为中国航空航天事业的未来发展营造了良好的舆论基础。在国外，《纽约时报》、美国联合通讯社、《华尔街日报》、英国广播公司网站、《金融时报》、《日本经济新闻》等媒体赞誉此举意味着中国航空装备制造水平迈上了新台阶，是中国进入航空市场的重要里程碑，对引导世界关注 C919 试飞成功的正面意义起到了有效促进作用。值得注意的是，因部分自媒体对此事的报道视角围绕"能否定义为完全自主生产""能否获得国际航线资格""安全性如何保障"三个方面展开，导致民间舆论场存在部分负面杂音。

监测时段为 2017 年 5 月 1～31 日，全网与"国产大飞机 C919 成功首飞"相关的信息量共计 2896 条，其中网站、微博、论坛、客户端、微信和电子报刊为主要传播平台。媒体发布多为介绍"国产大飞机 C919 首飞"情景、正面意义和商业价值；多数微博网民"点赞"C919 首飞成功，肯定我国航空科研实力，期待民航科技领域未来再创新高。媒体评论普遍认为，国产大飞机 C919 成功首飞是国家经济、科技实力的重大体现，既显著改善了我国民用航空工业发展的基础面貌，又为我国经济转型升级打造了一条蕴藏巨大潜力的产业链。未来，伴随着大型客机项目的推进和我国喷气客机进入批量生产，这条产业链必将逐步发挥出巨大的经济潜力。

二、传播走势：媒体报道主导舆情波动，中央媒体答疑引发传播高峰

从传播走势图（图 2-19）可以看出，整体热度呈现两个高峰。第一个舆情高峰出现于 5 月 4～6 日，因 5 月 4 日就有媒体为次日国产 C919 的试飞造势。其中包括中央电视台、新华网等中央媒体揭秘技术亮点和试飞团队；《南方都市

报》《第一财经日报》等地方媒体和行业媒体介绍C919的市场需求和概念股走势等。5月5日，C919试飞成功当天，中央电视台、人民网、新华网、中国新闻网、光明网、搜狐网、凤凰网等多家媒体全方位报道其名称由来、项目发展历程、国产化率和现实意义等，推动当日信息传播热度一路高升，达到1290。

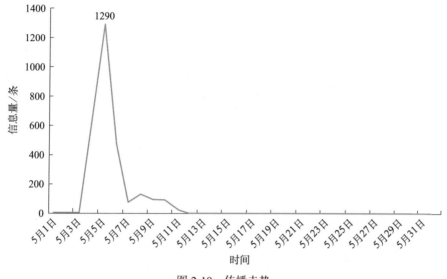

图 2-19　传播走势

第二个舆情次高峰出现在5月8～10日。国产C919的首飞，开始引发国际舆论的广泛关注，其中不乏对中国科技进步的认可与赞叹，也存在质疑甚至唱衰的声音。对此，5月8日，《人民日报》国际评论"钟声"发文对C919试飞意义的认知误区进行科普，并提倡以更为开放包容的心态去看待中国商飞公司。该评论被新华网、央广网、求是网、环球网、搜狐网等媒体大量转载，推动此后两日再度形成传播小高峰。

三、平台分布：媒体网站专题丰富呈现，微博论坛集合网民评议

由平台分布图（图2-20）可以看出，网站平台为事件传播主要阵地，信息量占比达39.20%；其次是微博和论坛平台，信息量占比分别为24.18%和16.30%。

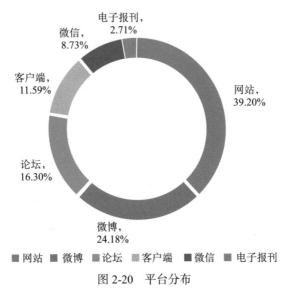

图 2-20 平台分布

　　该事件主要由媒体于网站平台进行首发和转发报道，部分媒体更是广开专题，从数据解读、关键技术、人物故事等方面对此进行集合报道。如新华网开设"C919圆满首飞"专题，新浪网开设"厉害了！国产大飞机成功首飞"专题，综合《中国青年报》《经济参考报》《第一财经日报》等媒体的报道进行系统呈现，推动网站平台信息量走高。此外，主流媒体在"两微一端"平台的信息同步铺设，也进一步扩大了事件在相关平台的传播量，微博的开放性互动机制为平台制造了更多二次传播。而论坛上聚集较多军事、航空爱好者，其在百度贴吧、天涯论坛等平台上踊跃评述事件，推动了论坛平台的传播热度。

四、传播路径：中央媒体首发主导节点传播，微博话题助力事件升温

　　如图2-21所示，"传播路径"为网站、微博、微信、客户端等全网传播路径的总和。综合"C919大飞机首飞成功"的传播情况及各平台占比、首发信源、信源明确度等情况发现，主要传播路径聚集于网站、微博两大平台，新华社、《人民日报》、人民网、新华网、央视新闻、央视网、《中国青年报》、界面新闻、腾讯新闻等，积极充当首发信源和传播关键节点。

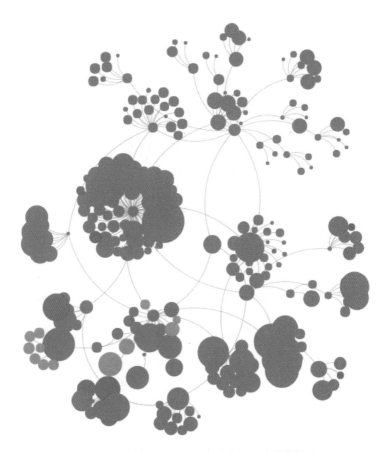

图 2-21 "国产大飞机 C919 成功首飞"总体传播路径

　　如图 2-22、图 2-23 所示，网站和微博平台均呈现出"源发为主""核心引领""多点开花"传播之势。

　　在网站平台方面，5 月 4 日，新华网、"科普中国"、央广网等首发文章为第二天 C919 的试飞造势。5 月 5 日 C919 试飞成功后，新华网随即首发快讯。另外，光明网、中国新闻网等中央级媒体也在当天对该事件进一步报道，千龙网、荆楚网、东方头条等地方媒体，凤凰资讯、搜狐网、新浪网等门户网站纷纷进行转载报道，并带动其他媒体积极加入传播阵营，有效提升了相关信息的传播热度。

图 2-22　网站重点传播路径（图 2-21 传播路径下展开的网站重要节点）

图 2-23　微博重点传播路径（图 2-21 传播路径下展开的微博重要节点）

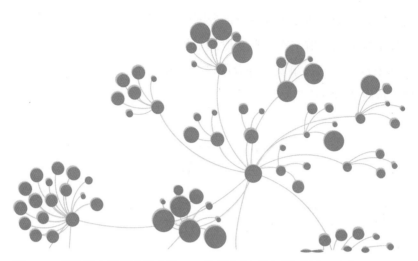

图 2-23　微博重点传播路径（图 2-21 传播路径下展开的微博重要节点）（续）

在微博平台方面，央视新闻、《人民日报》、新华网等中央媒体积极发挥微博平台即时传播的优势，对该事件进行宣传，进一步扩大了事件影响力。其中，由央视新闻主持的"＃国产大飞机首飞＃"话题累计获得 7350.1 万次阅读和 7.9 万次讨论。央视新闻在 C919 首飞当日共发布 13 条相关微博，其中一条有关"国产大飞机首飞"的微直播传播效果极佳，获得 509 万余次观看，20 777 次转发。另外，该微博经由影响力媒体、"大 V"等转发后，受到大量网民跟进传播，产生叠加效应，使得"C919 大飞机首飞成功"事件在短时间内热度暴涨。

五、情绪占比：肯定首飞正面意义为主，少量质疑飞机国产率低

从情绪占比图（图 2-24）可以看出，正面情绪占据较大比例，为 65.31%；其次是中性情绪，占比为 26.84%；负面情绪占比较低，为 7.85%。正面情绪主要来源于媒体报道肯定国产 C919 大型客机首飞成功的意义，认为其不仅标志着中国航空工业取得重大历史突破，而且是中国创新驱动战略的重大时代成果。媒体观点引发多数网民共鸣，并对中国航空工业的未来发展抱以更高期

待，充满信心。中性情绪主要源自部分网民担忧C919的建造成本高与未来市场的不确定性，以及航空军工概念股的走势动荡。此外，针对国产C919核心部件全部来自进口这一事实，部分网民对C919"自主国产"的定性产生了质疑，使得负面情绪占比7.85%。

图2-24　情绪占比

六、舆论焦点：盛赞民航客机领域新成就，探讨C919商业远景价值

针对C919大型客机，"飞机""中国""我国""客机""国家""航空""技术"为出现频率最高的七大热词。客机C919首次试飞成功，展现了我国民航科研领域的成果和实力，有效提振了民众对行业的发展信心，系列报道普遍以"我国首次""国之大器"等作为标题前缀报道相关内容，带动国民荣誉热情高涨。"民航""商飞""项目""批量生产""世界"等词汇热度居次，客机C919首次试飞成功的商业意义受到广泛关注和探讨，体现了舆论期待国产大飞机技术成熟，重新洗牌世界航空市场格局。"发动机""适航""技术""问题"等词汇热度较高，部分网民认为C919发动机核心技术依赖外援，民用航空科研仍未突破关键瓶颈（图2-25）。

图 2-25 热门词云

（一）媒体关注点

1. 科普技术亮点和难点攻克过程，"点赞"项目综合成果

新华网专访北研中心多电综合设计专业能力副总师、多电综合研究部技术负责人康元丽，发文《康元丽：C919 有三大技术亮点》，介绍国产大飞机 C919 主要有三大技术亮点，即首次自主设计超临界机翼达到世界先进水平，先进材料首次在国产民机大规模应用，C919 装配先进的机载系统和发动机。人民网发文《C919 攻克 100 多项核心难题 实现技术集群式突破》称，"2007 年 2 月，我国大型飞机研制重大科技专项正式立项，2015 年 11 月 2 日，C919 总装下线，再到本次首飞，科研人员共规划、攻克了包括飞机发动机一体化设计、电传飞控系统控制律、主动控制技术等在内的 100 多项核心技术、关键技术。"

2. 看好 C919 的商业价值和市场前景，探讨 C919 商业前途的关键点

新华网发文《C919 国产大飞机首飞成功，你最想知道的十个问题都在这里》指出，C919 已获得了全球 23 家企业的 570 架订单，并引用中国商飞公司董事长、党委书记金壮龙的话介绍称，"C919 大型客机带动形成的我国民用航空产业链蕴含着巨大的潜力。伴随着大型客机项目的推进和我国喷气客机进入批产，这条产业链必将逐步发挥出巨大的经济潜力。"《经济参考报》刊文《国产 C919 今日首飞 中国航空进入升级期开启万亿市场》称，随着 C919 的生产和交付，相关的航空制造业上下游产业将得到快速发展，华东、西北、西南、东北、中部五大航空产业集群将因此发展壮大，共同开启万亿规模市场。《南

方都市报》刊文《C919 商业前途取决于租赁经营的成败》表示，从买家结构可见，C919 有 74% 的订单来自 14 家飞机租赁企业，其商业前途无疑将取决于租赁经营的成败。

3. 聚焦首飞机组成员履历，凸显飞行团队的高标准和专业性

央视新闻分别对 C919 首飞机组机长蔡俊、C919 首飞机组观察员钱进和 C919 首飞机组试飞工程师马菲进行专访，并在央视网分别发文《央视专访 C919 首飞机组·机长蔡俊：挑战民机试飞新领域》《飞行员的"第三只眼"都和飞机说了啥？》《C919 首飞机组试飞工程师马菲：从造飞机到"教"飞机》，揭秘飞行背后的故事，凸显不惧挑战和执着专注的职业素养。环球网和澎湃新闻分别发文《国产大飞机 C919 首飞：飞行员团队全体亮相》《揭秘 C919 首飞机长：曾在航空公司做过 11 年飞行员》，介绍飞行团队的详细个人资料和机长蔡俊的履历，强调飞行团队的高标准和飞行组成员的专业性。

4. 强调首飞成功深远意义，报道 C919 国产化率回应舆论质疑

新华网刊文《C919 首飞：中国制造迈出新步伐》称，C919 实现首飞，是中国民航业发展历程中的里程碑，意味着中国航空装备制造水平迈上了新台阶，是"中国制造"赶超世界强国、参与全球竞争的又一例证。光明网发文《国产大飞机 C919 今日首飞　整体国产化率达 50% 以上》，引述 C919 型号大型客机副总设计师周贵荣的话表示，目前 C919 型号飞机整体国产化率可以达到 50% 以上，其中包括国内企业和国内外合资企业在国内的本土化生产。此外，针对部分网民对国产率的质疑，部分媒体回应，如《中国青年报》发文《核心部件全来自进口 C919 算不算国产货？媒体这样回应》称，"最终实现全部国产化"是中国商飞公司购买原装进口产品时设置的"技术市场门槛"，一旦某项产品被中国商飞公司采购，那么它最终的"出路"只有一条——逐步国产化，并采访上海飞机制造有限公司制造工程部副部长王辉等专业人士，以专家发言的形式回应网友关切。

5. 认为形成中国商飞公司与波音公司、空中客车公司三足鼎立的局面指日可待，"中国智造"可与世界共赢

央广网、参考消息等媒体发文《国产大型客机 C919 将首飞　"ABC"三足鼎立局面有望形成》，引用《兵器知识》杂志副主编秦蓁的观点，认为未来中

国商飞公司（Commercial Aircraft Corporation of China Ltd.，COMAC）与波音公司（Boeing）、空中客车公司（Airbus）有望形成"ABC"三足鼎立的局面。但是，C919也引来了部分国际舆论的质疑，《人民日报》发文《中国智造，与世界共赢》称，C919首飞成功，根本就不是"对手来袭"的概念，而是意味着世界民用航空大家庭的丰富，并能为各国供应商创造价值、为全球人民创造福祉。

（二）网民主要观点

1. 肯定我国航空科研实力，期待民航未来再创新高

多数网民肯定"国产大飞机C919成功首飞"彰显我国航空科研实力，标志着我国民用航空的新时代开启，期待未来发展再创新高。如网民"热爱DOTA的张铁林"评论，"从振华30到复兴号，从FAST到载人航天，从深海到太空，从贫困到全面小康，从C919到AG600，从歼-20到运-20，我的国创造了无限的奇迹。"网民"1390776570"评论，"从无到有，由弱至强，相信中国的航空事业越来越强"。

2. 质疑我国自主研发C919飞机项目的投入和收益失衡

部分网民表示，自主生产大飞机成本投入高昂，综合效益相对不高，质疑自主研发大飞机项目的实际价值。如网民"鸿乱世天空"评论，"C919飞起来了又怎样？以前早就有国产大飞机飞起来过，只是一次就报废了，这次能飞多久，零件多久全换一遍？别一年下来维护费用是飞机成本的好几十倍。"网民"站在外星瞭望地球的人"评论，"能说说这个大飞机到底花了多少钱吗？"

3. "吐槽"媒体盲目吹嘘，认为飞机"国产"发展之路任重道远

部分网民"吐槽"C919核心技术仍需依靠国外支援，国内设计主要在外形等次次重要的部分，希望国家科研人员能够再接再厉一举攻破发动机等关键难题。如网民"一期一会福建福州"评论，"要保持清醒认识，才会有进步。"网民"用户3842934003"评论，"连核心部件发动机都靠进口，希望后面能有实际进步。"

4. 担忧此事带动航天概念股震荡，建议股民冷静观望谨慎买入

部分网民认为，国产大飞机C919成功首飞将会带动航天航空概念股震荡，

呼吁大众谨慎买入，冷静看待时下航天军工概念股的走高。如网民"UU广州周生"评论，"只要C919不出现航空灾难，几乎可以确定下一个牛市，航天航空会是领头。"网民"无名诗"评论，"目前航天股形势大好，但从以往经验来看，还需要冷静跟入。"

七、地域分布：北京媒体云集数量居上，科创热门城市跟进宣发

综合信息发布热区地域分布情况可知，北京市、广东省、山东省分列前三位。其中，北京市以1304条的文章数占据信息发布数量首位。北京市作为我国的政治、文化中心，媒体产业发达，航空高校密布，互联网普及和渗透力深厚，在发布信源、传播渠道和互动机制上拥有更多优势，形成此事相关报道的首发源和传播中心，因而发布热度最高。广东省科创产业布局密集，科技杂志机构云集，宣发表现也十分突出。而上海市作为C919的试飞主场，此次试飞成功，也受到了本地媒体、自媒体的重点关注报道，地域宣发热情也保持高位（图2-26）。

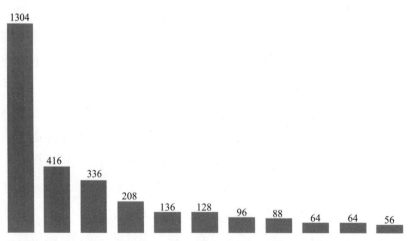

图2-26　地域分布（单位：条）

八、人群画像

（一）全民关注打破性别制衡，中青年网民热衷航空话题

关注"国产大飞机 C919 成功首飞"这一话题的男性、女性网民数量较为平衡，男性网民以 52% 的占比略微高于女性网民（图 2-27）。可见，在媒体的大力报道之下，媒体矩阵影响力渗透深入，该话题已经上升为国民集体关注的新闻热点。

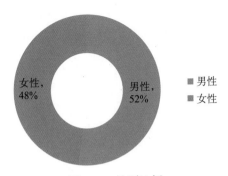

图 2-27　性别比例

从年龄分布来看，30～39 岁、40～49 岁两大年龄区间网民成为关注讨论该话题的主要人群，两者占比之和为 82.38%，符合一般科技类话题的关注受众主要年龄分布特征。可见，中青年群体对于国家科技、军工领域的发展动态关注兴趣更为浓厚，侧面反映出中青年群体爱国情愫自主且高昂。而 19 岁及以下、20～29 岁、50 岁及以上三大年龄段网民对于话题的关注度较低，三者占比分别为 2.19%、11.17% 和 4.26%（图 2-28）。

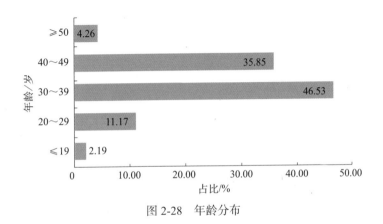

图 2-28　年龄分布

（二）军政、科技、经济领域网民主导民间舆论场声量

由参与话题讨论的用户兴趣标签可见，"军事"居于突出位置，其次为"经济金融""政治""科技"（图 2-29）。这主要是因为现代航空业自诞生开始，就带有明显的国防工业色彩，现代航空工业被认为是典型的军民结合产业，对于国家而言，民机水平在一定程度上能够映射军机水平，因此中国研制大飞机工程试飞成功，提高飞机研制的水平和能力，其战略意义更是受到军事爱好者的重点关注。另外，航空工业是知识密集型、技术密集型、资本密集型产业，其发展不仅能够促进本国科技进步，而且能够带动大批相关产业的持续发展，其智力、技术和经济的溢出效应庞大，因此其经济、政治、科技价值也受到广泛讨论。

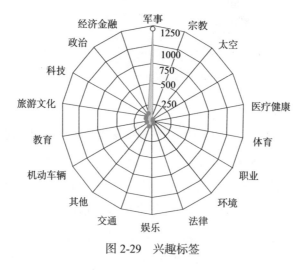

图 2-29　兴趣标签

九、舆情总结

（一）国务院肯定首飞成功意义，媒体正面宣传主导舆论走向

针对 C919 大型客机首飞成功，5 月 5 日，中共中央、国务院发来贺电称，"……首飞成功标志着我国大型客机项目取得重大突破，是我国民用航空工业发展的重要里程碑。这是在以习近平同志为核心的党中央坚强领导下取得的重大成就，体现了中国特色社会主义道路自信、理论自信、制度自信、文化自信，对于深入贯彻新发展理念，实施创新驱动发展战略，建设创新型国家和制造强国，推进供给侧结构性改革，具有十分重要的意义。"媒体也纷纷着眼于

国产 C919 首飞的长远意义，评论其意味着中国民航未来将不再依赖国外进口，中国的飞机制造将真正走出一条自主研制的大发展之路。在 C919 完成首飞、实现量产后，还将带动上下游产业发展，成为中国制造的一张名片，提升中国制造的国际地位和影响力。国务院的贺电和媒体对国产 C919 试飞成功的盛赞，进一步增强了民众对国产飞机和中国制造的自信心与自豪感，营造出积极、健康、向上的舆论主场。

（二）忽视垂直领域媒体力量联结，民间舆论场滋生极端情绪

C919 首飞成功后，主流媒体和自媒体的报道总体以肯定 C919 首飞成功的正面意义为主。主流媒体侧重于事实介绍、技术科普和相关工作人员的研发细节采访；而参与事件讨论的网民兴趣标签主要分布在军事、政治、经济、科技等领域，该类人群偏向于从军事、科技等垂直领域媒体或意见领袖处获取信息。由于在事件报道中，主流媒体未注重与上述领域自媒体和行业媒体力量的联结，导致一些网络自媒体和意见领袖的个性发声在一定程度上加重了本次事件潜在的负面舆论风险，导致部分网民产生盲目乐观和无理批判两种极端情绪。

（三）媒体立足正面报道而科普传播滞后，触发网民失望"吐槽"情绪

2017 年 5 月 5 日，我国新一代大型喷气式客机大飞机 C919 首飞成功，相关情况经由人民网、新华网、央视网等主流媒体的报道介绍，迅速进入大众的视野，并引发广泛讨论。媒体为凸显 C919 试飞成功的正面意义，报道普遍强调完全自主知识产权、国产自主研发等，一定程度上有效激发了民众的爱国情怀，起到了提振民航产业信心、为行业未来的发展营造良好舆论环境的积极作用。但由于媒体一味唱赞歌和千篇一律的正向报道，对飞机从研发到生产领域的知识科普滞后，导致在信息发布初期，诱发了数量可观的关于"国有化率过低"的质疑和讨论，部分网民"吐槽"媒体报道盲目乐观，由此生发对民航领域仍未能掌握飞机发动机等核心技术的失望和"吐槽"情绪。

（四）自主化与商业化进程受质疑，央媒权威发声及时纠偏舆论

C919 的成功首飞，意味着中国成为世界上少数几个拥有研制大型客机能

力的国家。从机体结构件到机载系统设备，从机头试验到机尾复合材料应用，C919 拥有 102 项关键技术突破，彰显了我国航空工业的整体科技实力和中国智慧。但不容忽视的是，在相关舆论中，不乏对中国自主研制和中国商飞公司能否具备与波音公司、空中客车公司抢占市场的实力的质疑之声。对此，以《人民日报》"钟声"为代表的中央媒体及时发出中国声音，做出权威回应，指出舆论认知误区，主张以更为开放包容的心态看待问题，并从事实出发，以邀请专家专访等形式进行纠偏，有效防止了负面舆论的壮大与扩散。

第六节　互联网科普舆情数据报告分析

互联网科普舆情报告为数据分析提供了基础样本，通过研究这些样本中某一个维度的数据结果，并对这些数据结果进行整合性分析，可以找出其中的趋势性规律，了解互联网科普舆情的态势。为了全面而系统地分析这些科普舆情数据，本研究对 12 份研究月报和 4 份研究季报进行间隔取样，共筛选出 8 份样本，同时辅助参考 1 份研究年报和 1 份研究专报，对以下几个维度的内容进行规律性研究：不同平台舆情热度对比、舆情热度趋势图分析、十大科普主题热度指数排行。

根据系统抽样法的间隔取样原则，在 12 份研究月报中，从 1 月份报告开始选取，分别选择了 1 月、3 月、5 月、7 月、9 月、11 月的研究月报作为研究样本。在 4 份研究季报中，从第一季度报告开始选取，分别选择了第一季度和第三季度的研究季报作为研究样本。月报和季报的总样本量共 8 份（表 2-13）。在实际分析中，将 2017 年的 1 份年报和 1 份专报作为辅助性参考文本。

表 2-13　经过系统抽样的 8 份报告样本（6 份月报 +2 份季报）

样本 1	样本 2	样本 3	样本 4
2017 年 1 月月报	2017 年 3 月月报	2017 年 5 月月报	2017 年 7 月月报
样本 5	样本 6	样本 7	样本 8
2017 年 9 月月报	2017 年 11 月月报	2017 年第一季度季报	2017 年第三季度季报

在正式分析前，将研究中会涉及的词汇"热度"释义如下：舆情分析中所提及的"热度"和通俗意义上表达温度的"热度"含义不同，舆情分析中的"热度"通常指新闻或者其他信息的热门程度，这种热门程度通常体现为文章发布量、用户阅读量、转载量或者网民评论回复数等，一般通过数字或者分析百分比等指标来体现。从一定程度上来说，通过热度指标可以看出研究对象（这里指科普相关信息）被用户关注或者热议的程度。

一、不同平台舆情热度对比

研究对 8 份样本中七大媒介平台在科普领域中的总信息量进行统计分析，从而了解科普舆情信息的主要阵地。

从表 2-14 中可以看出，不同类别平台信息获取量在总量占比中呈现比较平稳的态势。综合来看，微信、网站、微博这三个平台的信息量分别排名前三位。

表 2-14　不同平台舆情热度对比：信息量占比　（单位：万条）

载体＼样本	样本 1	样本 2	样本 3	样本 4	样本 5	样本 6	样本 7	样本 8
微信	3 333	4 920	4 762	7 208	7 452	9 872	11 640	21 148
微博	4 226	2 900	465	447	623	419	9 774	1 653
网站	2 198	2 476	3 447	5 410	5 727	6 625	6 759	18 993
论坛	43	137	261	391	169	102	232	689
客户端	41	84	104	436	681	797	175	1 950
电子报刊	0.2	10	108	107	84	92	11	261
今日头条号	2	3	18	346	54	0.03	9	401

二、舆情热度趋势图分析

对 6 份研究月报的月度舆情热度趋势图进行观察，从每周舆情数据来看，工作日和周末之间的信息量区别非常明显，工作日尤其是每周三、周四通常是信息量的高峰，周六、周日两天则处于较为明显的低谷状态；从每月舆情数据来看，每周之间形成比较规律的波峰波谷线，这从侧面印证了每周舆情数据"工作日＞周末"的特点。以上这些舆情特点，可以为科普系统工作者及媒体工作者提供参考，从而挑选合适的时机来进行信息发布。

以下是 6 份研究月报舆情热度趋势图样本的图示（图 2-30 ～图 2-35）。

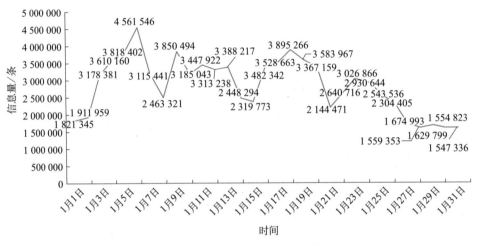

图 2-30　2017 年 1 月舆情热度趋势图

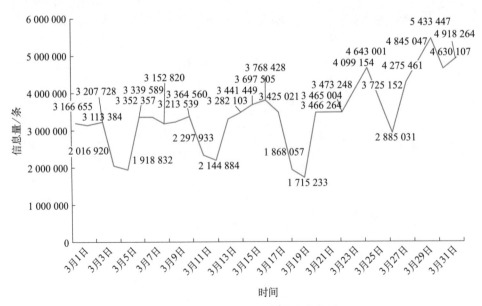

图 2-31　2017 年 3 月舆情热度趋势图

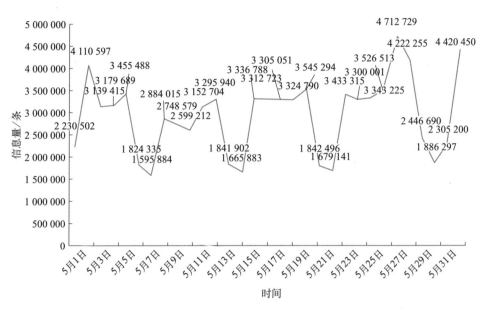

图 2-32　2017 年 5 月舆情热度趋势图

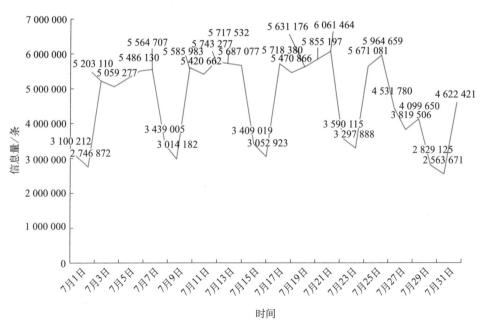

图 2-33　2017 年 7 月舆情热度趋势图

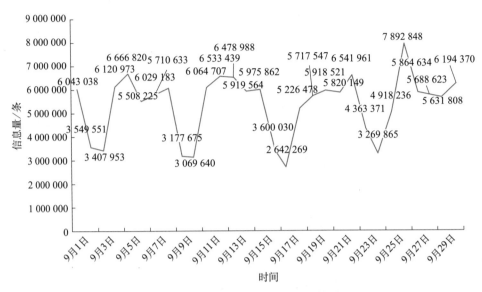

图 2-34　2017 年 9 月舆情热度趋势图

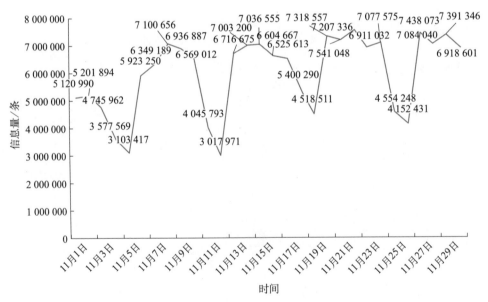

图 2-35　2017 年 11 月舆情热度趋势图

三、十大科普主题热度指数排行分析

为了更有针对性地对科普领域信息进行监测，互联网科普舆情研究对科普领域信息进行了十大科普主题划分，分别是：健康与医疗、信息科技、能源利用、气候与环境、前沿技术、航空航天、应急避险、食品安全、科普活动和伪科学。在这十大科普主题中，有一些主题的信息量相对来说比较大，另外一些主题的信息量则相对比较少。通过对不同科普主题舆情热度综合指数进行对比分析可以看出信息量较多的科普主题领域，通常这些领域和公众相关性更大，可以为科普工作提供借鉴视角。

（一）十大科普主题热度指数综合排行榜分析

研究分别把 8 份样本中的十大科普主题排名进行提取排列，形成表 2-15，可以看到排名具有一定的规律性，也可以看出信息量较大的科普专题。

表 2-15　十大科普主题热度指数综合排行榜

样本 排名	样本 1	样本 2	样本 3	样本 4	样本 5	样本 6	样本 7	样本 8
1	健康与医疗	健康与医疗	健康与医疗	健康与医疗	信息科技	健康与医疗	健康与医疗	健康与医疗
2	信息科技	信息科技	信息科技	信息科技	健康与医疗	信息科技	信息科技	信息科技
3	能源利用	气候与环境	气候与环境	气候与环境	气候与环境	气候与环境	气候与环境	气候与环境
4	气候与环境	前沿技术	能源利用	能源利用	能源利用	能源利用	能源利用	能源利用
5	前沿技术	航空航天	航空航天	航空航天	航空航天	前沿技术	前沿技术	航空航天
6	航空航天	能源利用	前沿技术	前沿技术	前沿技术	航空航天	航空航天	前沿技术
7	应急避险	应急避险	应急避险	应急避险	应急避险	应急避险	应急避险	应急避险
8	食品安全	食品安全	食品安全	食品安全	食品安全	食品安全	食品安全	食品安全
9	科普活动	科普活动	科普活动	科普活动	科普活动	科普活动	科普活动	科普活动
10	伪科学	伪科学	伪科学	伪科学	伪科学	伪科学	伪科学	伪科学

通过表 2-15 可以看出，以绝对优势排在前三位的科普主题分别是：健康与医疗、信息科技、气候与环境。综合来看，排名前三位的科普主题主要是与公众生活密切相关的领域。

（二）十大科普主题地域发布热区排名分析

通过对 8 份样本中排名前十的科普信息发布区域进行呈现，可以看出科普信息主要集中的区域和受众对科普信息的关注度。表 2-16 是 8 份样本科普信息发布区域排名前十的统计表。

表 2-16　十大科普主题地域发布热区（排名前十位）

样本\排名	样本 1	样本 2	样本 3	样本 4	样本 5	样本 6	样本 7	样本 8
1	北京市	北京市	北京市	北京市	北京市	北京市	北京市	北京市
2	浙江省	广东省	广东省	广东省	浙江省	广东省	广东省	浙江省
3	广东省	山东省	浙江省	浙江省	广东省	浙江省	浙江省	广东省
4	江苏省	江苏省	山东省	山东省	江苏省	上海市	江苏省	山东省
5	上海市	上海市	江苏省	江苏省	山东省	福建省	山东省	江苏省
6	山东省	福建省	河南省	福建省	上海市	山东省	福建省	上海市
7	福建省	四川省	福建省	上海市	福建省	江苏省	上海市	福建省
8	四川省	河南省	上海市	河南省	河南省	安徽省	四川省	河南省
9	河南省	湖北省	河北省	四川省	四川省	河南省	河南省	四川省
10	重庆市	湖南省	四川省	安徽省	湖北省	四川省	湖北省	安徽省

通过表 2-16 可以看出，在 8 份样本十大科普主题信息地域发布排名统计中，北京市以绝对优势排名榜首，广东省和浙江省在第二名和第三名之间有所竞争，广东省略占优势，综合排名第二。江苏省、山东省、上海市、福建省、四川省等地区也比较稳定在前十名榜单当中。从这个榜单能够看出，经济发达地区的科普信息量处于比较优势的地位。

第三章

移动端科普阅读数据报告

在移动互联网高度发展的时代，作为科普阅读的渠道或途径，移动端具有泛在获取的优势，用户可以随时、随地、随心地进行科普信息阅读，极大地增强了科普阅读的便利性。今日头条是我国网民使用较多的移动端软件应用，本报告以今日头条客户端为例，反映 2017 年我国网民移动端科普阅读的现状，包括阅读总量、阅读频次、阅读人群画像、阅读主题热度等。阅读数据表明，移动端已经成为科普信息传播的重要阵地。

第一节 移动端科普阅读数据研究概述

一、研究背景及目的

科普信息资讯是移动互联网网民阅读量较大的内容类别之一，而今日头条是我国网民使用较多的移动端软件应用。为提高科普信息的传播效率，精确感知并精准满足网民科普需求，中国科学技术协会科普部、中国科普研究所和今日头条联合共同发起了"2017 网民科普阅读大数据"研究工作，并于 2017 年 3 月发布了相关重要数据。本报告通过分析我国网民 2017 年全年在今日头条客户端的科普信息资讯阅读数据，洞察网民阅读科普信息的行为特征，发掘移动端科普信息的传播规律，以期更好地在移动互联网上推动科普信息的有效传播，满足网民对公共科普文化服务的需求和期待。

二、本报告对科普信息的定义与分类

本报告中的科普信息是指 2017 年在今日头条客户端上发出并被推荐的科普相关图文、视频、问答等信息，涵盖食品安全、航空航天、健康与医疗、能源利用、信息科技、气候与环境、前沿技术和应急避险 8 个主题。各主题科普信息分类由中国科普研究所提供的主题关键词确定。

三、本报告数据期限说明

本报告所使用的用户阅读数据来源于今日头条所有用户于 2017 年 1 月 1 日～12 月 31 日阅读科普信息资讯的数据，数据来源除特别说明外均为头条指数。

第二节 移动端科普信息的阅读概况

一、2017 年全年用户阅读的科普文章总量

2017 年，今日头条客户端上共有 2953 万篇科普类文章被用户阅读，平均每天被阅读的科普类文章超过 8 万篇。这些科普文章的总字数达 1033 亿，约合 1566 部《中国大百科全书》（图 3-1）[①]。

×1566

图 3-1 2017 年用户阅读科普文章总字数与《中国大百科全书》对比

二、2017 年全年用户阅读和评论科普文章的频次

2017 年，上述科普文章被阅读了 2440 亿次，平均每篇科普文章被用户阅读了 8200 多次。用户阅读科普文章的总时长达 19 963 547 177 150 秒，约合 633 040 年。阅读总时长约合为光从太阳到地球所耗费时间（约 500 秒）的 400 亿倍。

用户对这些科普文章的评论总计 38 943 万次，平均每篇约有 13 次用户评论。

[①] 《中国大百科全书（第二版）》总卷数为 32 卷，共收条目约 6 万个，约 6000 万字，插图约 3 万幅，地图约 1000 幅。

第三节 科普信息的用户阅读渗透率

在移动互联网上，特征用户阅读科普信息的数量与在全平台的信息阅读总量之间的比值为科普阅读渗透率。关注网民不同性别、年龄段、地域位置的科普阅读渗透率，可反映科普阅读用户的基本特征画像。

一、科普阅读的性别渗透率相近

男性和女性在科普信息阅读上的差异不明显。男性的性别渗透率[①] 是 17.43%，女性的性别渗透率为 16.14%，两者仅相差 1.29%，显示出男性比女性略微多关注和阅读科普信息（图 3-2）。

男性，17.43% 女性，16.14%

图 3-2 不同性别的科普阅读渗透率

二、中老年用户的科普阅读渗透率较高

不同年龄段用户的科普阅读渗透率存在差异。科普阅读的年龄渗透率[②] 从高到低依次是：41～50 岁（32.88%）、50 岁以上（31.67%）、31～40 岁（27.93%）、24～30 岁（18.35%）、18～23 岁（14.51%）。可见，与青年用户相比，中老年用户在今日头条客户端上的科普阅读量占其阅读总量的比例较高（图 3-3）。

---

① 性别渗透率 = 该性别对科普信息的阅读数 / 该性别在今日头条全平台的阅读总数。

② 年龄渗透率 = 该年龄段科普信息的阅读数 / 该年龄段在今日头条全平台的阅读总数。

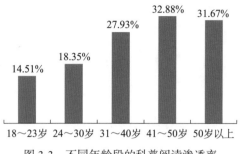

图 3-3　不同年龄段的科普阅读渗透率

三、大城市用户的科普阅读渗透率较高

从省（自治区、直辖市）来看，科普阅读的地域渗透率[①]排列前五位的是：北京市（19.37%）、上海市（19.36%）、湖北省（18.47%）、重庆市（17.41%）、天津市（17.12%）。

从不同城市分级[②]来看，超一线城市的科普阅读渗透率最高，达到 18.8%。从一线城市到五线城市的科普阅读渗透率分别是 17.82%、16.85%、16.56%、14.72% 和 5.33%。总体来看，大城市及经济发达地域的科普阅读渗透率较高（图 3-4）。

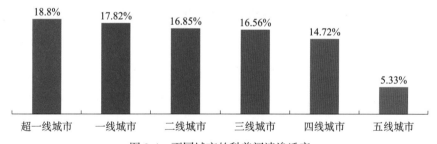

图 3-4　不同城市的科普阅读渗透率

---

① 地域渗透率 = 该地域科普信息的阅读数 / 该地域在今日头条全平台的阅读总数。

② 城市分级参考《第一财经周刊》2016 年 4 月 25 日发布的中国城市分级排名榜单。这份榜单对中国 338 个地级以上城市进行划分。除传统的国内生产总值规模、居民人均收入等硬性指标外，还增加了一线品牌进入密度、高校数量、机场吞吐量等 10 项新指标，根据特定公式综合计算了城市排名和分级。

第四节 用户科普阅读的主题内容偏好

一、用户科普阅读的高频核心词汇

纵观 2017 年用户科普阅读内容，有一些科技和科普核心词汇出现频率较高，反映出用户阅读和关注的热点，如 "健康""环境""人工智能""互联网""大数据""战斗机"等。高频核心词汇 TOP50 的热度指数[①]如表 3-1 所示。图 3-5 展示的是核心高频词云。

表 3-1 高频核心词汇 TOP50 及其热度指数

高频词	热度指数	高频词	热度指数	高频词	热度指数	高频词	热度指数
健康	6 918 773 772	心血管	564 863 959	神经系统	294 476 225	PX	174 264 735
环境	5 508 074 473	电动车	563 950 810	信息化	272 416 282	辽宁舰	173 755 806
大数据	4 298 933 891	电商	517 632 308	抑郁症	254 952 544	甲醛	164 164 620
互联网	1 623 612 606	智能手机	437 781 614	癌细胞	254 487 219	新能源汽车	161 921 030
人工智能	1 347 645 902	机器人	425 620 539	航空母舰	249 702 355	移动互联网	152 228 220
药物	1 317 540 285	产能	425 443 379	天然气	233 988 439	科技创新	146 642 683
通讯	1 013 779 494	太空	387 167 289	传感器	232 995 704	黑洞	139 297 000
癌症	1 007 783 284	微量元素	380 593 097	尿酸	218 870 183	可持续发展	139 093 111
能源	886 317 759	无人机	364 978 212	雾霾	215 774 987	纳米	129 854 449
战斗机	806 073 196	芯片	355 991 273	致癌物	209 167 222	重金属	129 332 424
地震	711 500 034	新能源	355 946 875	LED	195 848 772	侦察机	128 162 682
肿瘤	644 343 174	台风	328 716 306	歼-20	183 131 055		
通信	596 723 248	食品安全	297 112 554	微生物	177 986 552		

---

① 热度指数反映的是某个关键词受用户关注的程度，将关键词的阅读量、评论量、转发量、收藏量等加权而得。

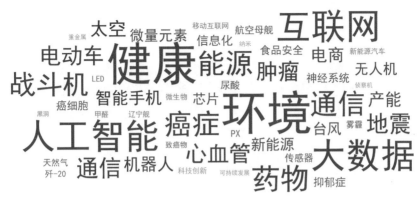

图 3-5　核心高频词云

二、不同科普主题的阅读热度

如前所述，用户阅读的科普信息根据种子词和内容标签的匹配分为 8 个主题内容。2017 年，用户阅读各类科普主题的热度存在差异。健康与医疗主题的用户阅读热度指数最高（热度指数为 159.09 亿），而食品安全类科普信息的用户阅读热度较低（热度指数为 9.13 亿），两者存在近 2 个数量级上的差异。与健康与医疗主题的阅读热度处于同一数量级的还有信息科技主题（热度指数为127.10 亿）（图 3-6）。

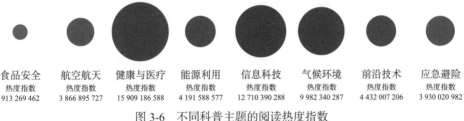

食品安全	航空航天	健康与医疗	能源利用	信息科技	气候环境	前沿技术	应急避险
热度指数	热度指数	热度指数	热度指数	热度指数	热度指数	热度指数	热度指数
913 269 462	3 866 895 727	15 909 186 588	4 191 588 577	12 710 390 288	9 982 340 287	4 432 007 206	3 930 020 982

图 3-6　不同科普主题的阅读热度指数

三、5～10 月是科普信息传播的热度高峰月份

科普信息在不同月份的传播热度不同，不同类型的科普信息在不同月份的传播也有热度差异（表 3-2）。从图 3-7 显示的 8 个科普主题阅读热度堆积折线图来看，5～10 月是科普信息传播的热度高峰月。5 月的全国科技活动周和 5月 30 日的科技工作者日、6 月的安全活动月，以及 9 月的全国科普日等典型重

大群众性科技科普活动，显著地助推了移动端网民对科普信息的关注。

表 3-2　8 个科普主题各月份阅读热度指数

主题\月份	食品安全	航空航天	健康与医疗	能源利用	信息科技	气候与环境	前沿技术	应急避险
1 月	65 779 545	279 388 029	1 032 277 659	298 351 479	876 160 986	689 647 932	316 467 624	206 193 288
2 月	77 948 185	268 482 079	1 113 752 175	290 723 474	921 008 333	681 726 484	299 942 607	222 464 201
3 月	61 467 720	226 797 507	941 372 477	246 425 722	770 707 135	571 590 872	249 220 746	169 926 138
4 月	64 218 059	288 338 871	1 113 284 456	287 698 478	899 468 419	697 753 723	317 163 007	215 370 648
5 月	55 184 125	231 651 113	1 018 644 133	253 766 672	766 535 529	621 408 674	263 734 579	212 349 527
6 月	80 970 601	372 618 504	1 543 792 711	391 968 823	1 252 381 452	984 474 852	429 511 333	382 507 586
7 月	67 559 278	298 539 800	1 259 925 512	306 169 490	956 066 447	865 326 855	348 677 379	374 984 878
8 月	109 851 956	483 015 027	1 843 731 270	477 439 908	1 489 745 248	1 221 711 010	519 478 891	671 537 456
9 月	102 897 690	405 458 429	1 847 041 202	482 932 993	1 366 444 982	1 101 896 098	498 011 885	471 539 054
10 月	89 607 391	385 418 743	1 677 731 346	413 188 148	1 212 571 264	971 907 481	467 895 623	367 763 667
11 月	71 598 249	329 733 871	1 312 871 839	397 005 875	1 194 809 476	842 886 818	389 560 724	325 637 602
12 月	66 188 053	297 469 614	1 205 048 855	345 940 466	1 009 379 002	731 931 533	332 273 964	309 865 321

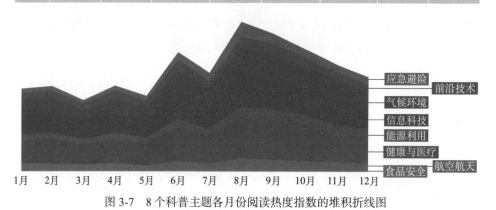

图 3-7　8 个科普主题各月份阅读热度指数的堆积折线图

第五节　典型科普主题的阅读数据分析

2016～2017 年，人工智能（artificial intelligence，AI）主题的阅读热度指数飙升了 286.3%（最低值出现在 2016 年 2 月，最高值出现在 2017 年 9 月），

成为 2017 年度用户关注度飙升最快的科普话题。表 3-3 显示的是人工智能主题文章在这两年中每个月的阅读热度，而图 3-8 则更清晰地展示了用户阅读热度的起伏变化情况。结合社会事件和现象发现，其中出现峰值的月份节点，均有相关热点社会新闻发布。比如，2016 年 11 月，"世界互联网领先科技成果发布，那些震撼'黑科技'逐个看"；2017 年 6 月，"马云说：如果不让你的孩子玩，学音乐与绘画，将来他们会被人工智能取代，找不到工作"；2017 年 9 月，"YCT11 人工智能营销手机在深圳发布"；2017 年 10 月，"机器人索菲亚获得公民身份"；2017 年 11 月，"定了！国家公布人工智能四大平台！一场颠覆已在路上……"这些相关事件均带动了人工智能主题的科普阅读热度提升。

表 3-3　人工智能主题的月份阅读热度

时间	热度指数	时间	热度指数	时间	热度指数	时间	热度指数
2016 年 1 月	53 404 089	2016 年 7 月	72 001 122	2017 年 1 月	85 208 768	2017 年 7 月	95 695 734
2016 年 2 月	41 631 121	2016 年 8 月	69 550 061	2017 年 2 月	90 399 938	2017 年 8 月	145 896 965
2016 年 3 月	61 870 625	2016 年 9 月	73 267 632	2017 年 3 月	72 806 897	2017 年 9 月	160 806 678
2016 年 4 月	55 032 148	2016 年 10 月	77 058 598	2017 年 4 月	85 317 212	2017 年 10 月	157 126 504
2016 年 5 月	58 977 284	2016 年 11 月	96 277 881	2017 年 5 月	76 189 941	2017 年 11 月	140 605 273
2016 年 6 月	61 289 061	2016 年 12 月	87 984 757	2017 年 6 月	129 251 743	2017 年 12 月	128 340 249

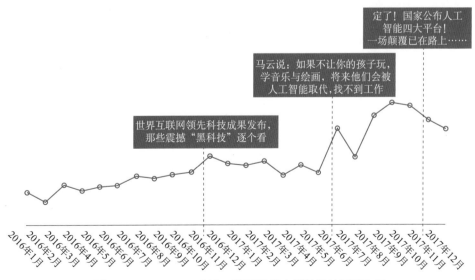

图 3-8　2016～2017 年人工智能科普主题的每月阅读热度

下面，具体分析头条用户阅读人工智能主题科普文章所表现出来的一些特征。

一、金融、交通、教育和医疗是人工智能最受关注的应用领域

人工智能的应用领域很广，从用户阅读热度来看，最受关注的应用领域排列前四的是：金融（热度指数为 74 086 506）、交通（热度指数为 44 537 069）、教育（热度指数为 44 409 062）和医疗（热度指数为 38 921 867）（图 3-9）。

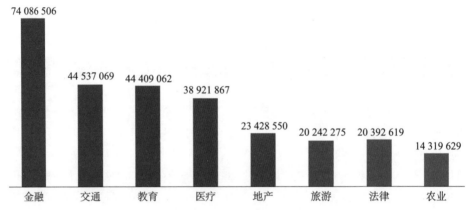

图 3-9　人工智能各个应用领域信息的用户阅读热度

二、人工智能主题的用户渗透率

（一）男性用户更关注人工智能

对于人工智能主题内容，男性的阅读渗透率是 0.66%，女性的阅读渗透率是 0.27%。相比之下，男性用户对人工智能科普信息的阅读量占总阅读量的比例要高于女性，显示出对人工智能主题内容更高程度的关注（图 3-10）。

男性，0.66%　女性，0.27%

图 3-10　人工智能主题阅读的性别渗透率

（二）30岁以上用户更关注人工智能

从年龄来看，30岁以上的用户阅读渗透率相对较高，显示出他们对人工智能主题的关注度更高。科普信息的阅读渗透率最高的用户的年龄段是31～40岁（图3-11）。

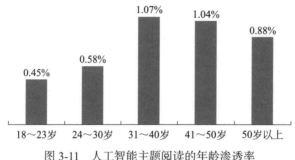

图3-11　人工智能主题阅读的年龄渗透率

（三）人工智能主题阅读的地域渗透率

从不同地域来看，人工智能主题阅读的地域渗透率排名前五的是：上海市（0.77%）、北京市（0.75%）、湖北省（0.62%）、广东省（0.61%）、浙江省（0.61%）。与全部科普信息的地域阅读渗透率相比，广东省和浙江省跻身前五位，重庆市和天津市跌出了前五位。

从不同级别城市地域来看，超一线城市的渗透率最高，达到0.76%，其他依次是一线城市（0.63%）、二线城市（0.55%）、三线城市（0.51%）、四线城市（0.38%）、五线城市（0.15%）。关注人工智能的用户主要分布在北京市、上海市、深圳市、广州市、杭州市、成都市、武汉市等超一线和一线城市（图3-12）。

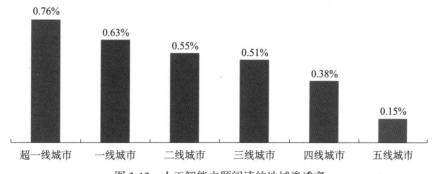

图3-12　人工智能主题阅读的地域渗透率

三、人工智能情感认知度

通过对数万条与人工智能相关文章的热门评论做情感分析[1]，头条指数监测了 2016～2017 年用户对人工智能情感态度的变化。2016 年的情感认知度为 48.71，2017 年的情感认知度为 46.37。情感认知指数越高，说明用户对人工智能的正向认可度越高。2016～2017 年，用户对人工智能的情感认知度下降，认知行为呈现从狂热追捧到反思人工智能可能带来的隐忧，人们对于人工智能的态度更加趋于理性。

四、用户评论反映对人工智能的态度变化

从用户阅读人工智能相关内容的评论来看，2016～2017 年，人们的乐观程度和愤怒程度都有所下降，而焦虑、兴奋、恐惧等情绪上升（表 3-4、图 3-13）。

表 3-4　用户对人工智能不同态度的占比　　　（单位：%）

年份＼态度	乐观	愉快	兴奋	喜爱	害羞	悲伤	愤怒	恐惧	厌恶	惊讶	焦虑
2017	10.05	8.21	11.11	15.75	2.33	6.04	12.27	8.06	11.68	5.88	6.43
2016	12.45	8.35	9.74	16.56	2.31	5.84	14.43	5.76	11.08	6.17	5.26

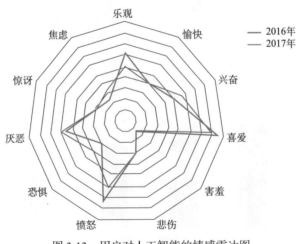

图 3-13　用户对人工智能的情感雷达图

---

[1] 用户情感分析由今日头条合作伙伴语忆科技提供技术支持。

五、用户最关注的人工智能 "十问"

今日头条发起了有关人工智能的民众问卷调查①。从提问中看出，网民对人工智能的关注主要可以分为 3 类：人工智能对就业的影响、科技伦理、对人工智能的乐观估计。

人工智能 "十问" 中，今日头条用户最关注的前三个问题都是与切身利益相关的问题：自己的工作是否会被取代（46.14%），人工智能发展带来的危害（43.61%），以及人工智能能取代什么（40.36%）（图 3-14）。三个问题都具有负面倾向，可见虽然民众是支持人工智能发展的，但也希望了解更多人工智能可能带来的风险。

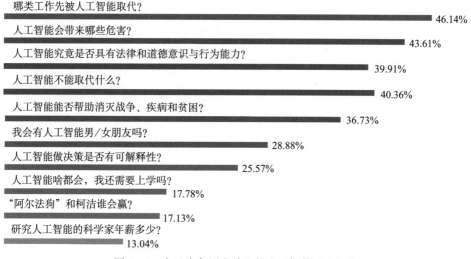

图 3-14　今日头条用户关注的人工智能 "十问"

六、用户关注的其他热门科普话题

2017 年，今日头条用户除了关注人工智能主题外，关注的其他科普话题如表 3-5 所示，热度指数均在百万以上。可以发现，这些话题分布的科学领域较为广泛，涉及生物学、信息技术、材料科学、生态学、天文学等。

---

① 数据来源：头条用户问卷。

表 3-5　2017 年用户关注的热门科普话题

月份	标题	热度指数 / 万	关键词
1 月	第一个 "人－猪" 杂交胚胎已在实验室中被创建	352.79	"人－猪" 胚胎
1 月	"墨子" 号在轨交付使用了，看看这颗卫星有多牛！	187.18	"墨子" 号
1 月	2016 年度国家科学技术奖励公布	154.62	国家科学技术奖励
2 月	由于操作失误，世界上唯一一块金属氢没了！	383.74	金属氢
2 月	科学家杨振宁为中国做了哪些贡献？	137.14	杨振宁
3 月	鱼常年不喝水，真不会死吗？	425.42	非洲肺鱼
3 月	霍金	290.03	霍金
4 月	人死之后到底是灰飞烟灭还是生存在另一个空间？	149.05	灵魂
5 月	一条鲸的心脏有多大？世界首个完整蓝鲸心脏被展出	355.15	蓝鲸心脏有多大
5 月	如果蚊子灭绝的话，会有什么事情发生？	315.83	蚊子
5 月	二氧化碳 "变" 汽油！中国科学家重大突破	243.23	二氧化碳变汽油
5 月	世界上第一台光量子计算机诞生	180.36	光量子计算机
6 月	世界首次！"墨子" 号实现 1203 公里量子纠缠	249.57	"墨子" 号
7 月	杨利伟揭秘神舟飞船某次发射：里面如果有人，根本不能活着回来	242.78	飞船
7 月	为什么前几年宣传的臭氧层被破坏得很严重，这几年没人提了？	118.59	臭氧层
8 月	全球变暖已难以阻止？美国气候专家：地球最后一道屏障即将失效！	267.41	全球变暖
8 月	美国 "旅行者" 号已经飞离地球 15 亿公里，快要飞出太阳系，靠什么给地球传回照片？	175.2	"旅行者" 号
9 月	中国 "天眼" 最近发现过什么？	163.13	"天眼"
10 月	小行星撞地球！云南香格里拉发生陨石掉落事件	472.91	香格里拉
10 月	重大发现！人类首次 "看到" 引力波事件　中国 "慧眼" 卫星做出重要贡献	448.1	首次 "看见" 引力波
11 月	人类换头手术你敢想象吗？史上第一例真的在中国成功了！	231.43	换头术
12 月	美国宇航局 11 月 10 日观测到一颗小行星 12 月 16 日袭向地球，贵州 "天眼" 怎么没看到？	115.59	小行星

第六节　移动端数据分析结果对科普工作的启示

移动端作为科普阅读的渠道或途径，具有泛在获取的优势，用户可以随时、随地、随心地进行科普信息的阅读。从今日头条客户端用户阅读数据来看，移动端平台已经成为科普信息传播的重要阵地，如何更好地让科普内容契合用户需求，使产品形态有利于产生良好的用户体验，是今后移动端科普发展的重点。

一、围绕用户科普需求产生内容，增强用户黏度

在今日头条用户中，中老年用户的科普阅读渗透率要高于青年人，可能与今日头条客户端的内容大多数以图文形式展现有关，更符合中老年用户的阅读习惯；而青年人更青睐于社交性、互动性特征更为突出的内容表达形式。因此，作为科普供给侧的一方，应借助大数据等信息技术手段，分析不同用户特点，围绕用户在主题和形式上的需求，个性化地产生内容，并且在科学权威性上把好审核关，以增强用户对移动端平台的使用黏度和信任度。对于目前阅读渗透率较高的中老年用户，应充分满足他们获得科学、健康、美好生活相关的有益知识的愿望。对于青年人，通过问答、视频等活跃和互动形式，让他们产生更好的用户体验，逐步引导青年人在移动端形成科普阅读习惯。对于中小城市的用户，也应结合本地化特征推荐相关科普信息，提升他们科普阅读的兴趣。

二、促进线上内容与线下活动的交融，提升科普效果

用户阅读数据显示，5～10月是科普信息阅读热度指数较高的月份，同时也是科普活动相对比较集中的月份。线上科普信息与线下科普活动各具优势，

打通线上内容与线下活动之间的壁垒，通过线上科普信息引导公众参与线下科普活动，借助线下活动的深刻体验驱动公众重返线上获取更丰富的内容。这种线上线下的交融，将有助于公众形成短期和长期的科普知识获取习惯。

第 四 章

"科普中国"公众满意度调查研究报告

　　本报告旨在调查和了解科普需求侧的公众评价意见，据此来检视和调整科普供给侧的资源投放重心，从而持续提升"科普中国"的品牌价值及服务质量。报告团队开展了"科普中国"信息化平台的满意度前期调研，研究制定了针对 2017 年"科普中国"各项产品服务的公众满意度调查的测评指标和实施方案；根据收回的问卷数据对"科普中国"及其信息化服务的整体满意度及分项满意度进行了详细分析和评估；就评估中发现的问题及其背后原因进行了分析，提出了改进"科普中国"公众满意度的对策建议。

第一节 开展公众满意度调查的相关背景

一、"科普中国"公众满意度调查的对象和范围

本报告结合"科普中国"的内容组织结构和互联网传播特点，将"科普中国"的公众满意度调查定位于面向"科普中国"各类用户群体的信息化服务满意度调查，针对"科普中国"及其信息化服务的整体满意度及分项满意度进行详细分析和评估。

2017年的全国科普信息化建设专项共包含19个项目，按照实施方案设计，主要分为四个板块（表4-1）：第一个板块是"网络科普大超市"，侧重于科普内容建设，包括7个项目，由新华网、人民网、光明网、山西科技新闻出版传媒集团等主流媒体负责实施；第二个板块是"科普互动空间"，侧重于搭建科普互动平台，包括3个项目，由腾讯网和百度两家大型互联网公司负责实施；第三个板块是"科普精准推送"，侧重于科普细分内容汇聚以及定向分发和推送，包括8个项目，由腾讯网、百度、《北京科技报》等8家机构负责实施；第四个板块"综合保障"只有1个项目，致力于搭建"科普中国服务云"平台，由中国科学技术出版社负责实施。

表4-1 2017年科普信息化建设专项一览表

板块	项目名称	承担单位
网络科普大超市	1. 科技前沿大师谈	新华网
	2. 科学原理一点通	新华网
	3. 科技让生活更美好	人民网
	4. 科学为你解疑释惑	人民网
	5. 实用技术助你成才	山西科技新闻出版传媒集团
	6. 军事科技前沿	光明网
	7. 科技名家风采录	新华网

续表

板块	项目名称	承担单位
科普互动空间	8. 科幻空间	腾讯
	9. 科学大观园	百度
	10. 科普影视厅	腾讯
科普精准推送	11. 科普中国头条创作与推送	腾讯
	12. 科普融合创作与传播	中国科学院计算机网络信息中心
	13. 科学答人	《北京科技报》
	14. 科学百科	百度
	15. 科普文创（2017年新设）	中国科普作家协会
	16. 乐享健康（2017年新设）	正在招标
	17. 智慧女性（2017年新设）	山西科技新闻出版传媒集团
	18. 科普中国V视	中国科学技术出版社
综合保障	19. 科普中国云服务管理（2017年新设）	中国科学技术出版社

二、开展公众满意度调查的主要目的和意义

（一）开展公众满意度调查的主要目的

"科普中国"公众满意度调查旨在从公众科普需求出发，调查全国科普受众对"科普中国"信息化平台上的科普内容、产品和服务的满意度，根据满意度测评结果，从科普需求侧视角来审视科普信息化建设中存在的问题和不足。从科普信息化建设工程实施的角度来说，公众满意度调查属于全国科普信息化建设专项管理的一种手段，调查结果可作为对科普信息化建设专项中期考核的参考指标。

（二）公众满意度调查的意义

1. 科普信息化专项建设层面

公众满意度调查有助于专项实施单位更准确地掌握平台用户的评价和反馈，发现项目建设和运营中的短板与问题，有针对性地进行调整和改善。

2. "科普中国"品牌建设层面

公众满意度调查有助于中国科学技术协会科普部更深入地理解和把握各类互联网用户的行为与审美差异,提高科普信息化资源和渠道统筹效率,找准品牌定位和未来发展重心,持续提升"科普中国"品牌价值及服务质量。

3. 科普信息化建设工程实施层面

公众满意度调查有助于中国科学技术协会从互联网人群的实际需求出发检视和调整科普供给侧资源配置水平,调整信息化工程的框架布局、立项方向、实施内容和考核要求。

4. 科普公共服务的社会效益层面

公众满意度调查结果代表了公众对科普公共服务水平的意见反馈,本身是PPP[①]项目完整实施的重要环节,同时也是"科普中国"作为国家科普公共服务品牌进行自我推广和展示其社会价值的一种方式。

第二节 "科普中国"公众满意度调查研究

一、"科普中国"公众满意度调查指标研究

本报告结合"科普中国"的内容组织结构和互联网传播特点,将"科普中国"的公众满意度调查定位于面向"科普中国"各类用户群体的信息化服务满意度调查,进而将其分解为面向"科普中国"整体品牌服务满意度和 2017 年 19 个科普信息化建设专项服务满意度两部分内容,据此制定了依托信息化平台进行问卷发放和回收的整体实施方案。报告参考了顾客满意度调查指数(customer satisfaction index,CSI)的一般概念,经科普信息化领域的学界和业界专家评议,制定了针对 2017 年"科普中国"各项产品服务的公众满意度调查的测评指标和实施方案,最终形成了"科普中国"公众满意度测评指标及相应权重。根据各

---

① PPP 即 public-private-partnership,指政府与私人组织之间,为了提供某种公共物品和服务,以特许权协议为基础,彼此之间形成一种伙伴式的合作关系,并通过签署合同来明确双方的权利和义务,以确保合作的顺利完成,最终使合作各方达到比预期单独行动更有利的结果。

项测评指标，结合专家建议，形成了具体的问卷内容以及投放形式。

（一）基于结构方程的顾客满意度测评简介

公众满意度是一个难以直接测量的变量。许多研究者借鉴传统的顾客满意度指数，从中提取出感知价值、使用价值等一系列关键的概念及其测量指标，来反映公众对某项公共信息服务的满意度。顾客满意度指数是 1989 年美国密歇根大学商学院质量研究中心的费耐尔（Fornell）教授提出的计量经济学逻辑模型[①]，包含顾客期望、顾客感知、购买价格等一系列指标。目前，顾客满意度指数理论已经从私营部门扩展至公共部门的各个领域，被广泛应用于政府绩效评估和电子政府信息评估等领域。

在具体的测量模型方面，许多相关的研究使用结构方程模型作为满意度的测量方法。许多学者在基于结构方程的满意度影响因素的分析上，使用感知价值、感知质量、公众预期、满意度、形象、抱怨与忠诚等潜变量来反映变量之间的因果关系[②]。国内外对满意度的影响因素的分析主要集中在感知价值、感知质量、预期、形象等几个方面。

上述分析都是基于一个组织或者企业生产的产品的顾客满意度，而本报告研究的是一个信息化平台上的公众满意度，或者说"科普中国"作为一个科普公共服务品牌给公众带来的满意度。由于公共部门与私营部门之间的差异，科普公共服务与企业产品服务的差异，以及互联网信息服务形态与传统服务形态的差异，需要在借鉴基于结构方程的顾客满意度测量模型的基础上，针对"科普中国"信息化平台及服务的实际情况，以及公众满意度调查的可操作条件，来重新研究和制定"科普中国"公众满意度的测量指标与测评方式。

（二）"科普中国"公众满意度的概念分解及其测量

作为全国科普公共服务体系的核心，"科普中国"信息化平台的建设成效

① Fornell, C. The American Customer Satisfaction Index: Nature, Purpose, and Findings [J]. Journal of Marking, 1996, 60 (4): 7-18.
② 邹凯, 左珊, 陈旸, 等.基于网络舆情的政府信息服务公众满意度评价研究[J]. 情报科学, 2016, 34 (2): 45-49; 李志刚, 徐婷.电子政务信息服务质量公众满意度模型及实证研究[J].电子政务，2017 (9): 119-127.

主要体现于四个方面：内容服务、信息媒介、品牌形象和科普效果。从科普公共服务的使用体验来说，公众对这四个方面的评价应该作为公众满意度的核心概念。

按照常见的满意度测量理论，满意度应该综合公众对科普公共服务的预期价值和使用科普公共服务的感知价值两方面的因素来测量。考虑到网络调查的操作条件，有必要对一般的满意度测量模型进行适度简化。具体思路是，在保持满意度核心测量概念的前提下，根据本次公众满意度调查的目的和需要，将整体公众满意度指标拆解为内容、媒介、信任和效果四类满意度指标。其中，信任对应于品牌形象指标，反映了"科普中国"在品牌建设方面的核心诉求；效果对应于感知价值，反映了公众对科普公共服务水平的自我评价；内容和媒介则分别反映了公众对"科普中国"内容建设和平台建设的自我评价。

（三）"科普中国"公众满意度指标体系

根据"科普中国"信息化平台的实际情况，综合征求学界和业界专家意见，最后确定了"科普中国"公众满意度测评指标（表4-2），包含满意度测评指标和满意度关联指标两个部分：满意度测评指标包含2个一级指标，分别是内容满意度和媒介满意度，共包含9个二级指标，其中内容满意度包含5个二级指标，媒介满意度包含4个二级指标；满意度关联指标包含2个一级指标，分别是效果和信任，共包含7个二级指标，其中，效果包含5个二级指标，信任包含2个二级指标。满意度测评指标用来直接加权计算满意度评分，满意度关联指标用来从侧面评价影响满意度评分的潜在因素。

表4-2 "科普中国"公众满意度测评指标

模块		指标	权重/%	说明
满意度测评指标	内容（58%）	科学性	18	对科普内容的科学性的满意度
		趣味性	11	对科普内容的趣味性的满意度
		丰富性	11	对科普内容的丰富性的满意度
		有用性	12	对科普内容的有用性的满意度
		时效性	6	对科普内容跟随热点的满意度

续表

模块		指标	权重/%	说明
满意度测评指标	媒介（42%）	便捷性	8	对访问科普内容的便捷程度的满意度
		可读性	10	对科普图文/视频设计制作水平的满意度
		易用性	12	对界面交互的易用性的满意度
		准确性	12	对搜索、分类、推送准确性的满意度
满意度关联指标	效果	关注	20	增强对于科学的关注
		乐趣	20	提升参与科学的乐趣
		兴趣	20	提升参与科学的兴趣
		理解	20	加深对于科学的理解
		观点	20	形成对于科学的观点
	信任	认知信任	50	在科学认知中表现出信任
		情感信任	50	在社交型科学传播中表现出信任

二、"科普中国"公众满意度调查问卷

您的性别？ 男；女

您的年龄？ 12 岁以下；12～18 岁；19～25 岁；26～35 岁；36～50 岁；50 岁以上

您的学历？ 小学；初中；高中；大专；本科；研究生

您的职业？ 行政/管理；教育/研究；专业技术；商业/服务业；农林牧渔水利；生产运输；学生

1. 您对我们的满意度总体评价   ☆☆☆☆☆

2. 图文、视频、游戏等内容的科学性   ☆☆☆☆☆

3. 内容的趣味性   ☆☆☆☆☆

4. 内容的丰富程度   ☆☆☆☆☆

5. 内容对您有用的程度   ☆☆☆☆☆

6. 内容与社会热点结合的程度   ☆☆☆☆☆

7. 网站、频道、链接的便捷性   ☆☆☆☆☆

8. 图文、视频、游戏的设计制作水平 　　　　☆☆☆☆☆

9. 界面和操作的易用性 　　　　☆☆☆☆☆

10. 分类搜索或优先推荐的准确性 　　　　☆☆☆☆☆

11. 浏览我们的内容后，您的收获是：

　　获取优质科学信息 　　　　☆☆☆☆☆

　　体会到了科学的乐趣 　　　　☆☆☆☆☆

　　对科学问题产生了兴趣 　　　　☆☆☆☆☆

　　对科学问题有了更深的理解 　　　　☆☆☆☆☆

　　对科学问题形成了自己的看法 　　　　☆☆☆☆☆

12. 网络上科学信息的来源很多，您对我们的态度是：

　　我相信这里的内容都是真实可靠的 　　　　☆☆☆☆☆

　　我会把这里的内容推荐给我的家人 　　　　☆☆☆☆☆

说明：①题目 1 用于测量公众对"科普中国"的总体满意度（参考值），题目 2～10 从不同方面测量公众对"科普中国"的满意度。题目 2～10 的得分经加权后得到公众对"科普中国"的满意度（测评值）。

②题目 11 用于测量"科普中国"对公众的科普效果，题目 12 用于测量公众对"科普中国"的信任度。

第三节 "科普中国"公众满意度调查结果

截至 2017 年 12 月，本次调查共收回问卷 1.14 万余份，经条件筛选，选取其中 8524 份有效问卷进行满意度测评，并对测评结果进行了深入的交叉分析。课题研究的基本结论是，公众对"科普中国"信息化平台的各项服务整体感到满意；公众对内容的满意度整体上高于对媒介的满意度；在效果方面，公众对促进关注和理解方面的满意度高于促进兴趣、乐趣和观点；在信任方面，相较于自身对于"科普中国"的信任，公众更倾向相信"科普中国"的传播能够让周边的朋友和家人受益。就学历而言,学历越高的公众的满意度越高;分年龄段来看,25~35岁人群对"科普中国"的满意度最高。

一、问卷数据说明

2017年"科普中国"公众满意度调查采用网络问卷方式进行。问卷包含4个基础题项、1个总体满意度题项、5个内容题项、4个媒介题项、5个效果题项、2个信任题项共21个题项。截至2017年12月,共收回问卷1.14万余份。经过问卷数据筛查,滤掉答题时间过长和过短的问卷,并删除基础问题(问题1~问题4)回答矛盾的问卷,共保留8524份有效问卷,有效问卷比例为75%。

问卷筛查条件:①答题时长为30~300秒;②年龄、学历、职业无明显互斥性。

二、公众满意度测评

(一)受访者构成

在8524位有效受访者中,男性3542人,女性4982人;从年龄段来看,26~35岁的受访者最多,有3140人;从学历来看,本科学历的受访者最多,有3291人;从职业来看,学生人数最多,有2172人(图4-1)。

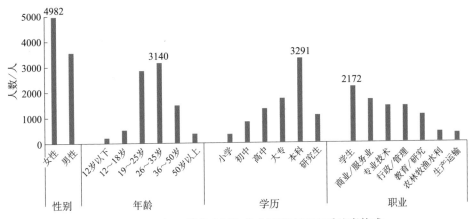

图4-1 2017年"科普中国"公众满意度调查受访者构成

（二）"科普中国"公众满意度测评结果

1. 公众总体满意度评分

2017 年"科普中国"公众满意度评分如下：根据内容和媒介两项评分加权得到的满意度测评分是 89.14 分，由受访者直接给出的总体满意度测评分是 90.47 分。按照 5 档满意度分级[①]，总体满意度落在 90～100 区间，即"非常满意"（表 4-3）。

表 4-3 2017 年"科普中国"公众满意度评分

指标	内容	媒介	效果	信任	加权满意度	总体满意度
评分	89.39	88.79	89.10	89.55	89.14[*]	90.47 ± 0.20[**]

* 加权满意度 = 内容得分 × 0.58 + 媒介得分 × 0.42。 ** 总体满意度反映的是受访者的心理满意度评分。

从细项得分来看，公众对于"科普中国"内容的满意度略高于对媒介的满意度；具体到内容层面，公众对科学性和丰富性的满意度最高；具体到媒介层面，公众对便捷性的满意度最高；具体到效果层面，公众在获取信息方面的满意度最高；具体到信任层面，公众对"科普中国"的认知信任（真实可靠）要高于情感信任（愿意推荐）。

2. 分群体满意度评分

针对不同性别、年龄、学历和职业的受访者的问卷统计结果显示，全部细分群体的满意度均达到了"满意"或"非常满意"的标准。其中，女性群体的满意度高于男性，26～35 岁群体的满意度最高，学历越高的群体满意度越高，行政 / 管理职业群体的满意度最高。50 岁以上人群、低学历人群和广义农业人群的满意度相对较低。

3. 效益满意度评分

"科普中国"的总体满意度决定于信息化专项的总体满意度以及相应的受访者数量占比（相当于"用户权重"）：

"科普中国"的总体满意度 = Σ [信息化项目的总体满意度 × 受访者占比]

---

① 评价标准：90～100 为非常满意，70～90 为满意，50～70 为一般，30～50 为不满意，30 以下为非常不满意。

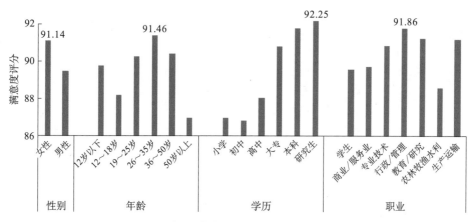

图 4-2　2017 年"科普中国"分群体总体满意度评分

为了从科普信息化工程层面评估"科普中国"的整体社会效益,以信息化项目的总体满意度作为效率因子,引入效益满意度(相当于"经费权重"):

信息化工程的效益满意度＝∑［信息化项目的总体满意度 × 经费配比］

以上式测算,"科普中国"的效益满意度为 92.37,在统计意义上明显高于总体满意度(90.47),这表明 2017 年的科普信息化专项的经费配比对提升公众满意度起到了一定的积极作用。

(三)科普信息化专项满意度测评结果

1. 项目层面

针对各科普信息化专项的公众满意度调查结果显示,全部参加测评的项目的总体满意度均达到了"非常满意"或"满意"的标准(表 4-4,表 4-5)。其中,"V 视快递"的总体满意度最高(96.44),"科普文创"的总体满意度最低(83.21)(图 4-3)。

表 4-4　"科普中国"公众满意度评分详表

项目	有效受访	内容	媒介	效果	信任	加权满意度	总体满意度
V 视快递	354	96.08	95.27	96.32	96.81	95.74	96.44
科普中国云服务	105	96.26	96.29	96.65	97.24	96.29	95.81
实用技术助你成才	961	94.54	94.34	93.93	94.28	94.34	95.69
科普融合创作与传播	593	95.07	94.63	95.24	95.62	94.63	95.51
科学大观园	563	94.4	94.2	95.02	95.19	94.20	93.93
科学答人	451	92.00	91.27	91.85	92.20	91.27	92.86

续表

项目	有效受访	内容	媒介	效果	信任	加权满意度	总体满意度
科学原理一点通	121	90.15	90.18	91.01	90.66	90.18	92.40
科技名家风采录	43	86.86	87.06	87.81	87.67	87.06	91.16
科幻空间	361	88.39	88.27	88.04	88.34	88.27	91.02
科普中国头条推送	351	89.55	89	87.57	87.52	89.00	90.77
科普影视厅	372	88.97	88.71	87.42	87.31	88.71	90.22
科技点亮智慧生活	729	88.15	87.81	86.86	86.83	87.81	89.93
科学为你解疑释惑	398	88.33	88.02	87.74	87.46	88.02	89.50
军事科技前沿	412	88.05	87.6	87.70	88.69	87.60	89.47
科技前沿大师谈	324	88.03	88.04	88.42	89.20	88.04	88.95
乐享健康	541	84.09	83.96	83.98	83.30	83.96	86.90
科学百科	699	88.59	88.64	89.09	89.00	88.64	86.88
智慧女性	411	83.06	82.59	83.45	84.11	82.59	83.84
科普文创	735	81.34	81.44	81.01	84.41	81.44	83.21
"科普中国"总计	8 524	89.37	88.79	89.08	89.52	89.14	90.47

注：画线项有效受访量偏低；各项目的总体满意度标准误差在0.5左右，分差超过1才有统计意义

表 4-5　分项目问卷收回及筛查明细表

项目	收回问卷/份	有效问卷/份	有效比例/%
实用技术助你成才	1 038	961	92.58
科普文创	766	735	95.95
科技点亮智慧生活	763	729	95.54
科学百科	939	699	74.44
科普融合创作与传播	675	593	87.85
科学大观园	660	563	85.30
乐享健康	631	541	85.74
科学答人	491	451	91.85
军事科技前沿	437	412	94.28
智慧女性	439	411	93.62
科学为你解疑释惑	453	398	87.86
科普影视厅	437	372	85.13
科幻空间	425	361	84.94
V 视快递	830	354	42.65
科普中国头条推送	405	351	86.67
科技前沿大师谈	763	324	42.46

续表

项目	收回问卷/份	有效问卷/份	有效比例/%
科学原理一点通	555	121	21.80
科普中国云服务	116	105	90.52
科技名家风采录	552	43	7.79
"科普中国"总计	11 375	8 524	74.93

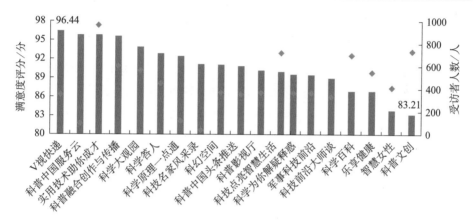

图 4-3　2017 年 19 个科普信息化专项公众满意度评分

注：黄色标记为有效受访人数，大部分项目的有效受访人数均超过 300

具体到细项评分，"科普中国服务云"（科普中国网）的内容、媒介、效果、信任 4 项得分均为最高，但总体满意度（95.81）略低于排在第一位的"V 视快递"（96.44），在一定程度上说明"V 视快递"的高知名度和传播率提升了其整体口碑。

2. 工程层面

按照同样的方法，对科普信息化工程的三个复合板块进行效益满意度的测算，结果如表 4-6 所示。

表 4-6　2017 年科普信息化工程效益满意度

板块名称	总体满意度	效益满意度
建设网络科普大超市	91.67	91.12
搭建网络科普互动空间	92.05	91.45
开展科普精准推送服务	88.97	90.45
科普信息化建设运行保障	95.81	95.81

　　科普信息化工程几个复合板块的效益满意度情况各异："建设网络科普大超市"和"搭建网络科普互动空间"的效益满意度均低于该板块的总体满意度，"开展科普精准推送服务"的效益满意度则明显高于该板块的总体满意度，这表明以公众满意度衡量，科普信息化工程第三个板块内的经费配比效率更高。

三、特定人群满意度分析

　　为了进一步了解不同科普受众对"科普中国"及信息化专项的满意度评价，本报告分析了各类性别、年龄、学历和职业群体的问卷数据，以下仅针对五个特定群体的满意度情况进行说明，分别是：大学生群体、中学生群体、年轻职业女性群体、中年职业群体、中等学历职业群体。

（一）大学生群体

　　以下所称大学生是指学历为大专或本科、职业为学生的受访者，共有1225人，其中男性有408人，女性有817人，相较于受访者总体的性别构成，女大学生的比例明显高于男大学生。

　　大学生群体对"科普中国"的总体满意度评分为90.30，其中，男大学生评分为88.58，女大学生评分为91.16。在统计意义上，男大学生的评分低于总体男性受访者评分（89.53），且与女大学生评分的差异比总体男女评分差异要大（图4-4）。

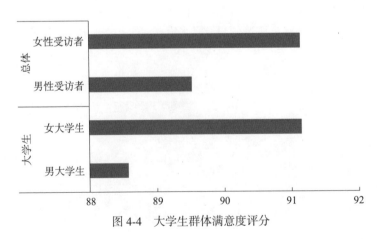

图4-4　大学生群体满意度评分

从项目层面分析，大学生群体满意度评分最高的项目是"实用技术助你成才"（94.20），评分最低的项目是"科技前沿大师谈"（87.80）；男大学生满意度评分最高的项目是"科普中国头条推送"（93.60）和"实用技术助你成才"（93.20），评分最低的项目是"科学答人"（84.00）和"科技前沿大师谈"（85.40）；女大学生满意度评分最高的项目是"科学答人"（96.40）和"实用技术助你成才"（95.00），评分最低的项目是"科普文创"（86.60）和"科学为你解疑释惑"（88.20）。

以上数据反映了大学生群体的审美价值和男女大学生群体的不同喜好。实用、便捷、有趣是大学生群体最认同的价值，单方面的说教是容易引起他们反感的方式。"科学答人"在男女大学生中的反应两极化，男大学生对"内容有趣"的评分最低，女大学生对"内容有趣"的评分最高，显示出男女大学生对答题竞猜这种形式的不同喜好。

（二）中学生群体

以下所称中学生是指学历为初高中、职业为学生的受访者，共有 470 人，包括初中生 204 人，高中生 266 人。其中男生有 233 人，女生有 237 人，相较于受访者总体的男女构成，男女中学生的比例较为均衡。

中学生群体对"科普中国"的总体满意度评分为 86.94。在统计学意义上，中学生的评分低于总体受访者（90.47），且高中生评分（86.47）低于初中生评分（87.55）。与总体女性受访者满意度评分高于男性相反，女初中生的满意度评分（85.94）明显低于男初中生（89.13）；男女高中生的评分则较为接近（86.62 和 86.32）。从效果指标来看，女初中生从"科普中国"的获得感（84.87）明显低于男初中生（89.98）；从内容指标来看，女初中生的丰富性给分（88.20）也明显低于男初中生（84.00）（图 4-5）。

（三）年轻职业女性群体

以下所称年轻职业女性是指 19～35 岁且已经参加工作的女性受访者，共有 2600 人，其中 19～25 岁女性有 876 人，26～35 岁女性有 1724 人，相较于受访者总体的性别构成，后者的比例明显高于前者。这部分人群从事商业 / 服

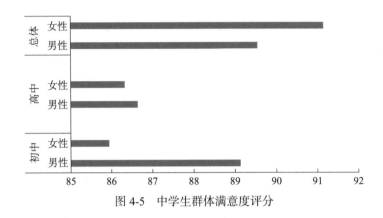

图 4-5　中学生群体满意度评分

务业和行政 / 管理职业的比例为 49.31%，高于年轻职业男性从事这两项职业的比例（44.35%）（图 4-6）。

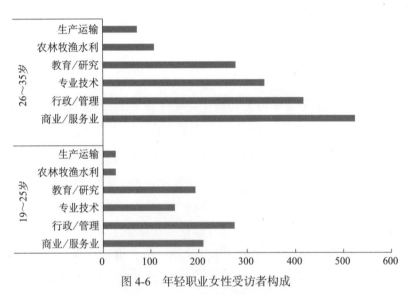

图 4-6　年轻职业女性受访者构成

年轻职业女性对"科普中国"的总体满意度评分为 91.85，其中 19～25 岁女性的满意度评分为 91.28，26～35 岁女性的满意度评分为 92.15。在统计学意义上，26～35 岁女性的满意度评分明显高于总体受访者（90.45），并且对"科普中国"表现出高度的信任（92.11）（图 4-7）。

从项目层面分析，年轻职业女性满意度评分最高的项目是"实用技术助你成才"（96.83），评分最低的项目是"科普文创"（83.57）；其中 19～25 岁女性评分最高的项目是"科普融合创作与传播"（98.26）和"V 视快递"（98.13），评分最低的项目是"科学百科"（80.63）和"科学为你解疑释惑"（86.35）；26～35岁女性满意度评分最高的项目是"实用技术助你成才"（97.01）、"科普融合创作与传播"（96.21）和"科学大观园"（96.05），评分最低的项目是"科普文创"（82.67）和"智慧女性"（83.03）。

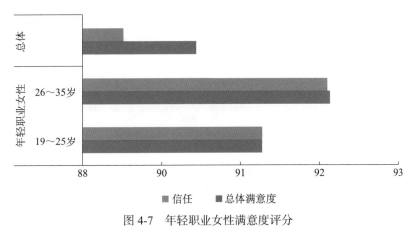

图 4-7　年轻职业女性满意度评分

以上数据表明，19～25岁与26～35岁的职业女性已经表现出明显的内在差异，前者更喜欢新鲜有趣的科普内容，后者则开始看重实用性和功能性。

（四）中年职业群体

以下所称中年职业群体是指36～50岁的非学生受访者，共有1454人，其性别、学历和职业构成如图4-8所示。相较于总体受访者，这部分受访者的学历构成更为均衡。

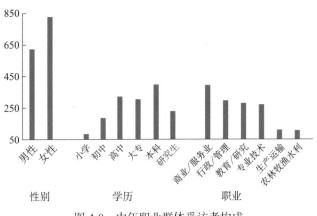

图 4-8　中年职业群体受访者构成

中年职业群体对"科普中国"的总体满意度评分为 90.48，与受访者总体评分非常接近。按照性别划分，中年男性的满意度评分为 89.93，中年女性的满意度评分为 90.89；中年男性的满意度评分比男性总体的（89.53%）略高，中年女性的满意度评分比女性总体的（91.14%）略低。按照学历划分，本科学历的中年职业群体的评分最高（92.40），高中学历的中年职业群体的评分最低（87.86）。按照职业划分，该群体的评分结构与受访者总体的评分结构相当（图 4-9）。

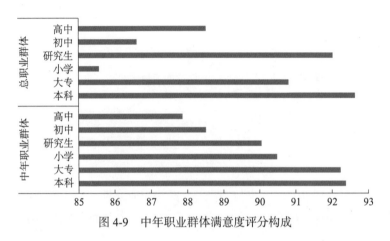

图 4-9　中年职业群体满意度评分构成

从图 4-9 可以看到，中年中低学历（小学或初中）职业群体对"科普中国"的满意度评分（90.48，88.51）明显高于总体低学历职业群体的满意度评分（85.57，86.60）。这说明，相对于更年轻的低学历职业群体，"科普中国"更符合中年低学历职业群体的科普需求。

从项目层面分析，中年职业群体的满意度评分最高的项目是"科普融合创作与传播"（97.40），评分最低的项目是"智慧女性"（83.57）。值得注意的是，在女性中年职业群体中，"智慧女性"的满意度评分仅为 79.48，这说明该项目在这部分女性群体中的受欢迎程度不高。

（五）中等学历职业群体

以下所称中等学历职业群体是指学历为初中或高中的非学生受访者，共有 1683 人，其中初中学历的有 615 人，高中学历的有 1068 人。从其职业构成来看，中等学历职业群体主要以商业／服务业从业者为主，其次是专业技术类职业。生产运输和农林牧渔在初中学历职业群体中占到了 27.45%（175 人），明显高于在其他学历中的比例（图 4-10）。

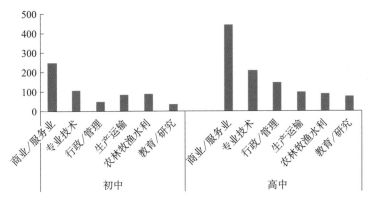

图 4-10　中等学历职业群体受访者构成

中等学历职业群体对"科普中国"的满意度评分为 87.82，其中初中学历者评分为 86.60，高中学历者评分为 88.52，均明显低于受访者总体评分。

按职业划分，初中学历的教育 / 研究者者评分最低（77.78），高中学历的生产运输业者评分最低（85.63）；按年龄划分，26～35 岁的初中学历者评分最低（85.25），50 岁以上的高中学历者评分最低（83.66）

从项目层面分析，初中和高中学历职业群体的满意度评分最高的项目均是"科普融合创作与传播""实用技术助你成才"，评分最低的项目均是"智慧女性""科普文创"。

调查结果显示，学历较低的教育工作者对于"科普中国"的满意度较低，特别是对"科普中国"内容的科学性评价不高，对于"'科普中国'有助于形成科学观点"的效果评价较低。

第四节　调查结论和对策建议

2017 年"科普中国"公众满意度调查的结果比较客观地反映了目前公众对"科普中国"的基本态度，特别是清晰地显示了 19 个科普信息化专项的满意度评价结构。以下对这次公众满意度调查的主要结论进行重新总结和说明。另外，结合调查存在的问题以及相关的调查发现，提出一系列改进"科普中国"公众满意度的对策建议。

一、主要调查结论

（一）"科普中国"的总体满意度达到"非常满意"标准

2017 年"科普中国"公众满意度调查的测评分是 90.47，表明公众对"科普中国"总体上非常满意。具体到各项指标来看，内容、媒介、效果、信任四项指标均接近非常满意的水平。详细的变量回归结果显示，这四项指标尚无法全部解释公众满意度的内涵，需要在以后的研究中进一步探讨公众满意度测评指标体系的结构。

（二）科普信息化专项目前的经费结构与公众满意度有一定的正相关性

根据"科普中国"的效益满意度分析结果，目前的科普信息化工程经费配比对提升公众满意度起到了一定的积极作用。具体到工程下设的复合板块，"网络科普大超市""网络科普互动空间"两个板块内的经费配比存在不合理的情况，导致其效益满意度低于总体满意度；"科普精准推送服务"板块内的经费配比较为合理，对提升公众满意度起到了积极作用。

（三）11 个科普信息化专项的总体满意度达到"非常满意"标准

"科普中国服务云""实用技术助你成才""科普融合创作与传播""科学大观园""科学答人"等 11 个项目的总体满意度均超过 90，达到了"非常满意"的标准。这 11 个项目的经费占比为 69.04%，有效受访者占比为 50.15%。

（四）8 个科普信息化专项的总体满意度达到"满意"标准

"科技点亮智慧生活""科学为你解疑释惑""军事科技前沿"等 8 个项

目总体满意度超过 80，达到了"满意"的标准。这 8 个项目的经费占比为 30.96%，有效受访者占比为 49.85%。

（五）女性受访者对"科普中国"的满意度评分高于男性

在全部 8524 名受访者中，女性占比 58.45%，明显多于男性，女性对"科普中国"的总体满意度评分为 91.14，高于男性的 89.5。

（六）26～35 岁受访者的满意度评分最高

在全部 8524 名受访者中，26～35 岁群体占比 36.84%，满意度评分为 91.46，明显高于其他群体。相较于学生和中老年职业群体，年轻职业群体对"科普中国"整体上有更高的评价。

（七）学历越高的受访者的满意度评分越高

在全部 8524 名受访者中，本科学历群体占比 38.61%，满意度评分为 91.87。以学历划分，学历越高的群体对"科普中国"的满意度评分越高，研究生群体评分最高，达到 92.25。

（八）行政 / 管理、教育 / 研究、生产运输三类职业群体的满意度评分很高

在全部 8524 名受访者中，从事行政 / 管理、教育 / 研究、生产运输三类职业的受访者的满意度评分明显高于其他群体。这三类受访者的占比为 33.36%，满意度评分均超过 91。

（九）学生群体的满意度评分不够高，广义农业人口的满意度评分较低

学生群体在受访者职业类型中占比最高，达到 25.48%，但是对"科普中国"的满意度评价低于受访者总体水平。农、林、牧等广义农业人口在受访者中的占比为 4.48%，对"科普中国"的满意度评价明显低于受访者总体水平。

（十）男大学生、青少年、低学历人群和农业人群是"科普中国"目前的"痛点"

综合各项问卷分析结果发现，目前"科普中国"在吸引男大学生、青少年、低学历人群和农业人群方面还有一定的进步空间，特别是低学历人群和广义农业人群科普信息普惠的重要服务对象，需要结合其深层次的细分科普需求来制定相应的科普政策和传播项目。

二、提升"科普中国"公众满意度的对策建议

（一）针对"科普中国"：有效统合品牌价值

从"科普中国"的整体发展来看，要牢牢抓住满意度评分高并最能代表"科普中国"建设成果的几个项目，继续整合优质内容，凝练品牌的整体价值，抬升品牌的整体形象。从调查结果看，"V视快递""科普中国服务云（科普中国网）""实用技术助你成才""科普融合创作与传播"是几个典型项目，要继续加大对这几个项目的扶持力度，探索将这几个项目的优质内容和分发推送更有机整合、更能树立"科普中国"品牌显示度的传播模式。

（二）针对科普信息化工程：找准定位，发展长板

从项目满意度的情况来看，"网络科普精准推送"板块的总体满意度比另外三个板块要低，其中的"科学百科""乐享健康""智慧女性""科普文创"这几个项目的满意度得分排在最后，该板块需要针对立项时所考虑的重点人群，就建设内容做出相应的调整。例如，"科学百科"板块要加强科学性和专业性，"智慧女性"板块要增加女性偏爱的主题内容等。

（三）针对科普重点人群：正视矛盾，发现"痛点"

从2017年参与调查的情况来看，高学历人群是"科普中国"用户的主体，这些人对"科普中国"的评价在很大程度上决定了整体的满意度。以25岁以下年轻人为例，评分最低的项目是"科普文创""科学百科"，说明这两个项

目的建设内容和设计风格未能迎合年轻人的审美，需要针对性改进。此外，高学历人群评价最低的项目是"科学大观园"，大专学生评价较低的项目是"科学为你解疑释惑""科技前沿大师谈"，中学生评价较低的项目是"科普影视厅"，特别是女性群体评分最低的项目是"智慧女性"。这些评分偏低的情况都说明项目建设方向与目标受众的期待存在矛盾，需要正视这些"痛点"并做出改善。

另一个严重的问题是"科普中国"的受众结构。从调查参与情况估计，"科普中国"吸引到的从事第一和第二产业的用户即农业人口和城市蓝领偏少，低学历职业群体在用户中所占的比例也偏少，并且农业人群与低学历人群对"科普中国"的总体满意度评分偏低。这些与科普信息化普惠目标的实现是相背离的。不难看出，科普信息化当前的建设内容和传播方向还是偏向高学历、城市白领、学生群体和第三产业人群。在未来的发展中，还需要重点关注第一、第二产业和低学历职业人群的科普需要，加强企业科普、农村科普和实用性科普的信息化转型。

三、改进"科普中国"公众满意度调查的对策建议

（一）调查平台化

将公众满意度测评作为信息化专项建设的一部分工作，搭建常驻一体化的"科普中国"公众满意度调查平台和问卷通道；"科普中国"的整体调查由中国科学技术协会实施；具体项目的调查由项目承担方负责实施和推广；问卷的发放、收回和数据处理流程由中国科学技术协会委托第三方机构进行监督和管理。

（二）调查专业化

将公众满意度测评作为"科普中国"品牌推广和用户培育的一部分工作，寻求与专业的线上线下调查公司和调查平台合作，通过适当的动员和营销手段来吸引更多的公众关注并参与满意度调查，更好地收集和总结科普需求侧的回应。

（三）调查日常化

将公众满意度调查纳入信息化项目的日常运营、内容生产和传播推送环节，鼓励各项目主体主导的日常化、差异化调查，形成更加丰富、更具针对性的调查体系，使满意度调查不仅作为项目管理和考核的手段，而且成为指导业务决策和传播策略的信息凭据。

（四）调查多元化

借助科普中国网、"科普中国"APP 以及各类落地终端，针对不同的用户群体和使用场景，通过更灵活和便捷的方式让更多的"科普中国"用户接触并填写问卷，通过定向投放和推送来提高问卷的回收质量。另外，改进问卷投放的具体方式，由当前 IP 限制方式改为随机投递的方式。

（五）调查与研究相结合

面向公众满意度调查平台，汇集和整理历史调查档案和数据，加强优秀项目和案例研究，建立公众满意度报告反馈机制。

附录一

科普舆情研究 2017 年月报

科普舆情研究2017年1月月报
典型舆情
（监测时段：2017年1月1～31日）

中国埃博拉疫苗取得"零的突破"　舆论盛赞提升中国国际影响力

一、事件概述

2016 年 12 月 28 日，中国人民解放军军事医学科学院宣布，由该院生物工程研究所陈薇研究员团队研发的重组埃博拉疫苗（rAd5-EBOV）在非洲塞拉利昂开展的 Ⅱ 期 500 例临床试验取得成功，这是我国疫苗研究首次在海外取得历史性突破。2017 年 1 月 5 日，人民网、中国网、凤凰网等媒体转载相关报道文章《我埃博拉疫苗在非洲 Ⅱ 期临床试验成功》，引发社会热烈反响。

二、传播走势

2017 年 1 月 1～31 日监测期间，清博大数据舆情监测系统共抓取全网相关信息 53 条，其中包含网站新闻 19 条，占比 36%；微博和论坛发帖皆为 17 条，占比皆为 32%；客户端和微信两类平台暂未发布事件相关动态。由 1 月全网涉中国埃博拉疫苗的热度走势图可见，虽然该事件于 2016 年 12 月 28 日对外公开，但是其相关热度在 2017 年 1 月 5 日达到高峰，随后热度稍有波动并逐渐回落。

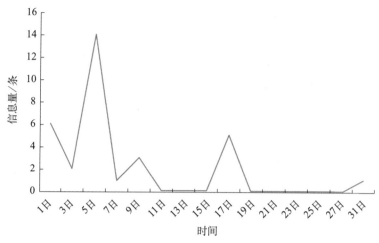

1 月全网涉中国埃博拉疫苗相关舆情网络热度走势图

三、舆论观点

监测显示，"中国埃博拉疫苗取得突破"相关舆情网民情绪以正面情绪为主，占比达 49%，中性情绪占比 36%，负面情绪占比仅有 15%。

（一）网民盛赞中国科研队，期待疫苗正式投产

网民"川流不息"发表言论称，"希望疫苗的临床试验数据合规，后续使用无副作用。这样，疫苗可以有效抑制埃博拉爆发的情况。"网民"子不醒"也表示，"之前看过一次，我国的医生们去非洲，每天接触的是最危险的病患和病毒，回国之前要检查隔离。当时就觉得，他们不仅仅是医生，亦是战士，这是生死未知的旅途，充满了意外与危险。为了我们的国家，为了非洲的病患，他们真的很伟大，在最危险的地方，拯救着无数个生命。"

（二）媒体称其为我国应急疫苗研发水平发展新的里程碑

澎湃新闻刊文指出，"面对致死率最高、传播范围广泛、全球严重恐慌的埃博拉疫情，我国科学家取得的完全具有自主知识产权的相关成果，既展示了我国生物医药领域科技创新的实力跃升，也是我国防控烈性传染病疫情能力的

一次实战检验，对国家生物安全具有重要战略意义。"

（三）业内人士认为此事极大彰显了我国的大国风范，有助于有效稳固中国的国际地位

微博大"V""孤烟暮蝉"留言称，"中国率先研制出来这个，科技是保家护国的实力所在。"

（四）存在少数恶意歪曲解读事实的言论

（略）

四、网民画像

从关注此事的网民性别比例图来看，男性所占比例较高，达到 65.63%，女性占比 34.37%。分析关注此事的网民兴趣标签分布可知，关注此事的网民还热衷于医疗健康、军事等领域。

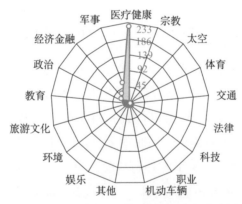

1月关注中国埃博拉疫苗舆情网民兴趣分布图

从关注此事的网民地域分布来看，该事件的信息发布声量主要集中于北京市、广东省等一线经济发达省市，由此可见，在北京、上海、广州这类经济发达、网络交互技术设备完善的城市中，网民对健康与医疗类信息需求更大。此外，该类地区相较于西北等地区人群稠密，易成为疾病传播的高发地，且医疗

技术研发领域水平更高，疾病预防的市场需求更旺盛，由此，上述地区的网民更为关注此类信息。

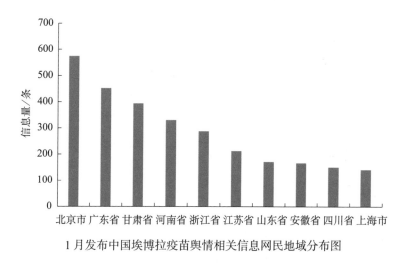

1 月发布中国埃博拉疫苗舆情相关信息网民地域分布图

五、舆情研判及建议

一是针对该事件，新华网、澎湃新闻、腾讯网、新浪网、网易等媒体争相报道，在增加话题曝光度的同时，也实现了中国疾病预防重大进程方面的正面宣导。其中"中国埃博拉疫苗取得'零突破'"这一话语元素成为各大媒体的共性传播话术，带动舆论场情绪整体倾向正面。但有少数媒体报道时出现"该疫苗已准备大规模投产"的误读报道，鉴于此，涉事的相关主体应对此密切关注并做出相应解释，以免诱发谣言，埋下舆情隐患。

二是网民反馈掺杂各种杂音，其中不乏故意扭曲事实进行解读，对此，"科普中国"平台应加强相关信息监测，积极发挥科普职能作用，协调网信、宣传部门合理进行议题设置，引导舆论，营造良好的传播氛围。

科普舆情研究2017年2月月报
典型舆情
（监测时段：2017年2月1～28日）

北极气温骤升超零度　舆论呼吁重视呵护地球生态

一、事件概述

2017年2月19日，央视新闻刊发报道《北极"发烧"》，报道称，美国国家海洋和大气管理局近期公布的数据显示，北极冬季常温是-20℃以下，而在2月10日其中心气温骤升至0℃以上，比同期正常水平高约27℃。专家表示，该情况在过去两年内已出现多次，其根源与全球气候变暖有关。此消息引发中国新闻网、《环球时报》、《新京报》等多家媒体转载报道。其中，仅央视新闻的视频报道就在全网获得676万＋的播放量，微博话题"#北极发烧#"的阅读量达到25万次，引发舆论热议。

二、传播走势

2017年2月1～28日监测期间，清博大数据舆情监测系统共抓取全网相关信息83条，其中，微博涉相关信息有41条，占比49%；论坛中涉相关信息的帖子32条，占比39%；而网站新闻涉相关信息仅有10条，占比12%；客户端和微信两类平台暂未发布事件相关动态。由2月全网涉北极气温骤升超零度事件的热度走势图可见，"北极升温"这一事件一直备受网民关注，在2月20日央视新闻发布相关博文的助推下，次日此事件的相关舆情热度达到制高点，随后迅速降温趋于稳定。

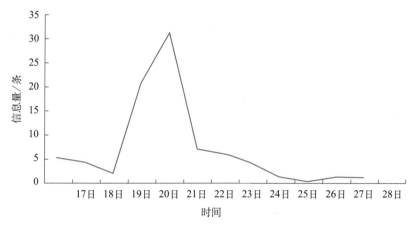

2 月全网涉北极气温骤升超零度相关舆情网络热度走势图

三、舆论观点

监测显示，"北极气温骤升超零度"相关舆情网民情绪以中性情绪居多，占比达 47%，负面情绪占比 37%，正面情绪占比较少，仅有 16%。

（一）网民纷纷呼吁重视保护地球环境，守护人类家园

网民"hahahahyyyyyyyh"直呼"环保，从我们每个人做起吧"。凤凰网网友"老郭"认为，"环境保护已经到刻不容缓的时候了，在茫茫浩瀚无际的太空中，适合人类居住的星球只有地球一个。由于大量的废气排出，如工厂废气、汽车尾气、农村每年秋收过后秸秆燃烧产生大量的废气，使地球产生温室效应，那将是人类灾难性的后果。"搜狐网网友"东指"表示，"为了我们的地球，多用太阳能、风能、水电能天然可再生能源，少用化石类燃料。"

（二）媒体分析称，海冰融化是造成此次北极升温的主要原因

凤凰网刊文指出，"北极地区不仅在变暖，而且在加速变暖，变暖速度是全球平均速度的 2 倍。近些年来，北极海冰面积呈逐年减少的趋势。对阳光反射性强的海冰融化成了颜色深的海水，海水又造成北极对太阳辐射的吸收率上升，吸收了大量热量。海冰融化和北极气温上升二者相互影响，加速北极升温。"

（三）业内人士指出，严抓企业违法排污是保护地球生态的关键举措

微博"大V""欧尚彬"认为，"再不大力保护环境，再不淘汰那些有害的企业，在不久的未来，地球必将灭亡。"

（四）有部分网民借此指责抹黑中国

（略）

四、网民画像

从关注此事的网民性别比例图来看，男性所占比例较高，达到56.64%，女性占比43.36%。分析关注此事的网民兴趣标签分布可知，关注此事的网民还热衷于旅游文化、环境等领域。

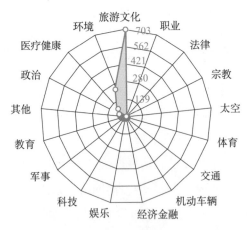

2月关注北极气温骤升超零度舆情网民兴趣分布图

从关注此事的网民地域分布来看，该事件的信息发布声量主要集中于北京市、福建省和浙江省等地区。由此可见，相较于西北等地区，北京市、福建省和浙江省等工业基地密集分布，此外，近些年沙尘暴、雾霾等灾害性天气频发，严重影响公众生活，环境保护、防治污染已成为该类城市发展的重要课题，由此，上述地区的网民也更关注此类信息。

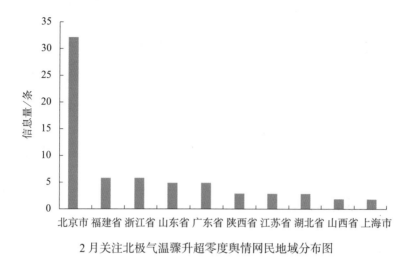

2 月关注北极气温骤升超零度舆情网民地域分布图

五、舆情研判及建议

一是相关消息经媒体发布扩散，迅速引发广大网民的关注和讨论，其中呼吁重视地球生态环境保护以及反思人类活动成为主要声响，网民纷纷表示保护地球环境将从自身做起，达到了一定的宣传效果。

二是媒体在就重大负向生态事件对外进行科普时，需注意把握发布内容对不同受众所产生的异质性影响，避免造成网民片面甚至错误的认知而引发部分群体的社会恐慌情绪。

科普舆情研究2017年4月月报
典型舆情
（监测时段：2017年4月1～30日）

中国首艘国产航母下水引发外界高度关注

一、事件概述

2017 年 4 月 26 日上午，中国首艘国产航母下水仪式在中国船舶重工集团公司大连造船厂举行。据悉，该航母由我国自行研制，2013 年 11 月开工，2015 年 3 月开始坞内建造。相关消息一经媒体发布，迅速引发舆论的广泛关注，广大网民纷纷跟帖留言表达对国家军工科技快速发展的敬佩与自豪之情，其中，《人民日报》、"看看新闻" 等媒体 "大 V" 账号的单条相关博文就获得 10 万 + 的 "点赞" 数，《人民日报》单条秒拍视频《告诉他们，国产航母，成了》获得 1619 万次播放量。

二、传播走势

2017 年 4 月 26～30 日监测期间，清博大数据舆情监测系统共抓取全网相关信息 2520 条，其中微信文章 2971 条，占比 69%；网站新闻 800 条，占比为 19%；微博 532 条，占比 12%。从相关舆情走势图可知，4 月 26 日，国产航母下水消息一经媒体公布，相关舆情走势就迅速在当日达到了高峰期，随后相关舆情走势开始下降。

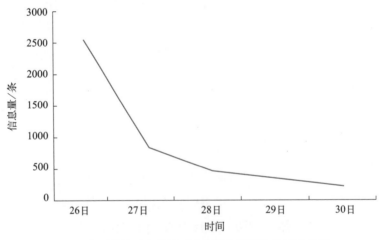

4 月涉中国首艘国产航母下水相关舆情网络热度走势图

三、舆论观点

监测显示，"中国首艘国产航母下水" 相关舆情网民情绪以正面情绪为主，占比达 61%，中性情绪占比 26%，负面情绪占比仅有 13%。

（一）网民盛赞中国科研技术的发展，热烈表达爱国热情与祝福

微博"大 V""颜熙恩"直呼，"厉害了我的中国"。腾讯网网民"梁先生"表示，"中国速度，中国力量，中国人的智慧，为所有国防事业贡献智慧和汗水的人致敬！敬礼！！！"网易网网民"linmingxing117"认为，"国强才有家"。微博"大 V""Nedach"发言感叹，"作为生在这个时代的青年，看着祖国从韬光养晦负重前行到厚积薄发雄于地球。短短数十年，亲历沧桑巨变，见证中华崛起，多么幸运和骄傲。每人心中都有一个大国梦，幸福并感激着。"

（二）媒体刊文解读该航母的重要战略意义

搜狐网发文指出，在政治和国际关系上，中国坚决反对任何形式的战争和霸权主义，坚决维护世界和平与发展，奉行和平共处五项基本原则，向全世界公开承诺中国永不称霸。因此，中国建造航母，发展海军，是维护世界和平的力量。

（三）业内人士纷纷向制造中国首艘国产航母的科研人员致敬

微博"大 V""拓维妙笔作文"表示，"先人为现在的一切付出了很多，也牺牲了很多……缅怀先人，致敬先人"。微博"大 V""王大颖"感叹，"刘华清上将可以瞑目了，我们大中华威武"。微博"大 V""陈府公子 Childe"发言称，"刘司令可以瞑目了，局座不哭，中国会越来越强！"微博"大 V""少年你可曾明白"指出，"燃的背后是负重前行，感谢！"

（四）存在少量网民趁机讽刺唱衰中国的言论

（略）

四、网民画像

从关注此事的网民性别比例图来看，男性所占比例较高，达到 77.99%，女性占比 22.01%。分析关注此事的网民兴趣标签分布可知，关注此事的网民

还热衷于军事、政治、科技等领域。

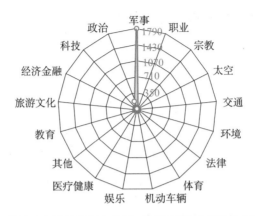

4月关注中国首艘国产航母下水舆情网民兴趣分布图

从关注此事的网民地域分布来看，该事件的信息发布声量主要集中于北京市，相关声量为 672，广东省以 109 的声量位居第二名。由此可见，北京市作为我国的政治、文化中心，相对于国内其他一线城市，人群分布较为密集，互联网传媒产业较为发达，对军事、政治等相关资讯的关注度较高。此外，广东省等沿海地区经济发达，人口众多，网络通信设施完善，其地域的用户对涉军事领域的资讯关注度同样也较高。

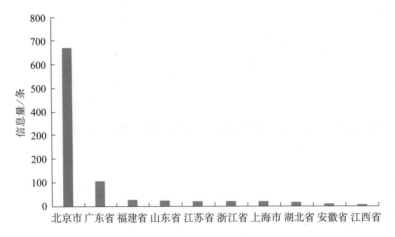

4月关注中国首艘国产航母下水舆情网民地域分布图

五、舆情研判及建议

一是针对该事件，官方主流舆论和民间舆论场的亲密互动，促使网民的爱国热情和国家自豪感得到了充分释放，网络正能量占据主流，好评如潮，其中不乏使用"此生无悔入华夏，来世还在种花家"的称赞声音，对中国形象传播的正面塑造和民众爱国情怀起到了积极的引导作用。

二是需要注意主流媒体在引导释放广大网民爱国热情的时候，应进一步合理引导舆论的理性情绪，消除网络杂音，同时避免泄露涉军事方面的机密信息。

科普舆情研究2017年5月月报
典型舆情
（监测时段：2017年5月1～31日）

"阿尔法狗"（AlphaGo）3：0战胜柯洁 人工智能引发舆论关注

一、事件概述

2017 年 5 月 27 日，中国围棋峰会人机大战三番棋第三局对决在浙江省桐乡市乌镇举行，最终，由 DeepMind 团队研发的围棋人工智能 AlphaGo 执白子以 3：0 完胜目前等级分排名世界第一的中国棋手柯洁九段。至此，人机大战三番棋结束。相关消息一经媒体发布，迅速掀起舆论对人工智能发展的讨论。其中，微博话题"# 柯洁 AlphaGo 巅峰对决 #"的阅读量高达 685 万次，相关视频播放量达 500 万＋次。

二、传播走势

2017 年 5 月 1～31 日监测期间，清博大数据舆情监测系统共抓取全网相关信息 2601 条，其中网站新闻 1033 条，占比 39.72%；客户端 504 条，占比

23.76%；论坛 525 条，占比 20.18%；微信文章 279 条，占比 10.73%；微博文章 125 条，占比 4.81%；电子报刊 21 条，占比 0.81%。由 5 月全网涉"阿尔法狗"（AlphaGo）3∶0 战胜柯洁的热度走势图可见，其相关热度在 2017 年 5 月 27 日达到高峰，随后舆论热度逐渐平息。

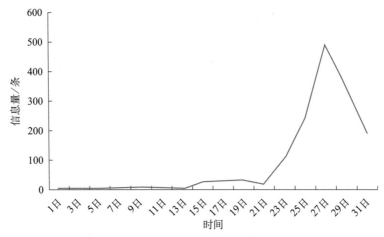

5 月全网涉"阿尔法狗"（AlphaGo）3∶0 战胜柯洁事件相关信息热度走势图

三、舆论观点

监测显示，"'阿尔法狗'（AlphaGo）3∶0 战胜柯洁"相关舆情网民情绪以正面情绪占据主导地位，占比高达 82.97%，网民对柯洁的行为表示敬意，并认为这是人类一次成功的尝试，中性情绪占比 11.96%，负面情绪占比仅有 5.07%。

（一）媒体认为人工智能还处于完善阶段，应理性看待其发展

凤凰网评论刊文《"阿尔法狗"就算完虐柯洁，它也只是工具》指出，人类输给工具，而且是不可逆转地，以巨大的悬殊差异输给工具由来已久，"阿尔法狗"不过是新近之一种罢了。人类智慧真正"精髓"的地方，目前的人工智能尚没有找到合适的模拟途径。"阿尔法狗"就算是完虐了柯洁，它也只是工具，只是人工智能研究领域取得的寸进而已。用流行的话来说，前路漫漫，

"一切都只是刚刚开始"。

（二）业内人士质疑此次人机比赛的现实意义

如有网民认为，"和机器人比这玩意，没意义，意义何在？""我不明白这种比赛的意义何在……只是委屈柯洁了"。

（三）网民力挺柯洁，肯定其个人能力，认为人工智能将助力科技发展

网民"毒奶菇"称，"在有限的结果中，当然最后会是这个结果，顶级选手能够对阵就应该得到敬意。"微博网民"1874 奕冰"表示，"人类发明汽车，但从未停止奔跑"。微博网民"人间精品红烧肉"指出，"其实应该设计医疗人工智能，这样对人类世界的帮助会比较大。"

（四）存在少数煽动性言论，放大人工智能的隐性威胁

（略）

四、网民画像

从关注此事的网民性别比例图来看，男性所占比例较高，达到 63.20%，

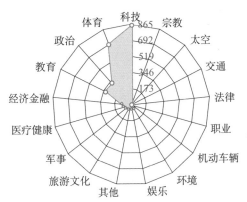

5 月关注"阿尔法狗"（AlphaGo）3：0 战胜柯洁事件舆情网民兴趣分布图

女性占比 36.80%。分析关注此事的网民兴趣标签分布可知，关注此事的网民还热衷于信息科技、体育竞技等领域。

从关注此事的网民地域分布来看，该事件的信息发布声量主要集中于北京市、广东省、上海市等一线经济发达省市，由此可见，在这类经济、科技发达的省市，人们对人工智能领域发展的关注度更高。此外，该类地区相较于西部地区，教育程度相对较高，围棋更受公众欢迎，由此，上述地区的网民更关注此类信息。

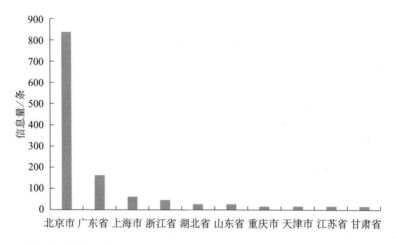

5月关注"阿尔法狗"（AlphaGo）3∶0战胜柯洁事件舆情网民地域分布图

五、舆情研判及建议

一是依据网民情绪属性分布图可以看出，中国社会对人工智能的发展总体上是持积极乐观的态度，为人工智能的发展提供了较为有利的舆论、政策、金融、市场和人才供给等发展环境。此外，通过对热点主题词的分析，观察发现当前涉人工智能领域的报道仍存在"蹭"热点的倾向，鉴于此，可通过设置相关专题的报道，引导各主要科普账号以正面引导舆论，避免网民过分关注人工智能的娱乐竞技性，从而推动产业健康发展。

二是在网民评论中掺杂着少量杂音，煽动受众情绪和过度解读，更有"人工智能威胁论"等言论，同时有少数投机取巧者声称利用人工智能计算能力实施违法行为。对此,"科普中国"相关平台账号可积极发挥科普职能作用引导舆论,创造良好的传播氛围,对过分解读及煽动性言论进行干预,避免谣言滋生。

科普舆情研究2017年6月月报
典型舆情
(监测时段:2017年6月1~30日)

美国退出巴黎协定

一、事件概述

据新华社 2017 年 6 月 1 日报道,美国总统特朗普在白宫宣布美国将退出《巴黎协定》,他表示这个协定对美国很不公平,是在将美国的财富与其他国家再分配。在竞选时期,他多次向支持者表示上任后将退出《巴黎协定》。这是继退出《跨太平洋贸易伙伴关系协定》后,特朗普宣布退出的第二个由前任总统奥巴马签署的国际协议。特朗普认为《巴黎协定》让美国处于不利位置,而让其他国家受益。美国将重新开启谈判,寻求达成一份对美国公平的协议。他表示,自己是匹兹堡市人民选举出的,不是巴黎人选出的。作为全球碳排放量第二大的国家,美国的退出,对《巴黎协定》的可信度和执行力都是不小的挑战。不过,不少欧美媒体却认为,尽管美国会退出《巴黎协定》,但是中国和欧洲会通力合作,共同执行旨在减缓气候变暖的《巴黎协定》。美国有线电视新闻网则直接称,如果中国和欧洲能在气候议题上通力合作,中国和欧洲将成为新的权力中心。各主流媒体高度关注此次事件,引起舆论聚焦。

二、传播走势

2017 年 6 月 1 ～ 31 日监测期间，清博大数据舆情监测系统共抓取全网相关信息 2062 条，其中包含网站新闻 727 条，占比 35%；微博文章 38 条，占比 1.83%；微信文章 600 条，占比 28.89%；客户端 363 条，占比 20.99%；论坛 228 条，占比 11.70%；电子报刊 33 条，占比 1.59%。由 6 月全网涉美国退出《巴黎协定》的热度走势图可见，其相关热度在 2017 年 6 月 2 日达到高峰，稍有波动后舆论热度逐渐平息。

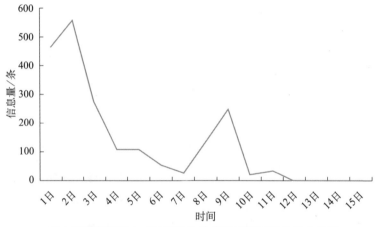

6 月全网涉美国退出《巴黎协定》相关舆情网络热度走势图

三、舆论观点

监测显示，"美国退出巴黎协定"相关舆情网民情绪的负面情绪占比较高，达 38.51%，舆论大多质疑特朗普此举用意，正面情绪占比 31.72%，中性情绪占比 29.77%。

（一）官方媒体叙述事件经过，梳理各方相关意见同表遗憾

2017 年 6 月 2 日，新华社发表《综述：美国退出〈巴黎协定〉 全球同表遗憾》一文称，"美国总统特朗普 1 日宣布将退出应对全球气候变化的《巴黎协定》，这一决定给全球气候治理进程带来不确定性，世界舆论对此纷纷表示批评和遗憾。各方也强调，美国此举不会终结全球应对气候变化的合作，而只

会损害自身的经济。"

（二）主流媒体强调气候保护重要性，传达中国官方态度

ZAKER 新闻于 6 月 5 日发表《美国退出〈巴黎协定〉：中国表态却让世界轰动》指出，"就气候变化问题，中德两国总理 1 日共见记者时，李克强对于德国记者关于气候变化问题的提问表示，中国政府积极参与推动并签署《巴黎协定》，并最早一批向联合国提交应对气候变化国别方案。中国人信守'言必信、行必果'，将会继续履行《巴黎协定》承诺，也希望同世界各国就此加强合作。中国外交部发言人华春莹在北京也表示，无论其他国家的立场发生了什么样的变化，中国都将加强国内应对气候变化的行动，认真履行《巴黎协定》。"

（三）业内人士一边倒提出批评质疑，罔顾全球变暖事实

利兹大学普利斯特利国际气候中心主任皮尔斯·福斯特称："对于这项基于证据而制定的政策，这无疑是非常难过的一天。温室气体的排放造成全球变暖这一事实科学家们已经知道了五十年，然而特朗普却无视这一证据。我希望他也可以被他的国家所无视，同时每一个组成美国的独立个体、商业机构以及每个州都能够对于减碳下定更大的决心。"爱丁堡大学碳管理主席教授戴夫·雷伊表明："美国终将会对这一天感到后悔的。特朗普总统为他的决定进行辩护称要把经济利益放在首位，从而去除他国官僚的干涉并有助于美国商业的发展。但事实上，这一举动将所有的商业和经济利益置危险于不顾。气候的变化并没有国界划分，它的影响并不针对不同国家。如果对于阻止全球变暖的努力失败，我们则将全部陷入困境。对于气候变化，总统先生，你可以逃跑，但无处躲藏。"

（四）网友称赞中国立场明确，质疑特朗普决策背后的深层用意

微信公众号"智者文馆"6 月 2 日发表《美国退出〈巴黎协定〉读懂背后的真相》指出："美国从原油进口国向出口国转变，页岩油技术的进展，让美国的产油能力已经媲美沙特、俄罗斯这样的产油大国，未来的潜力会更大。这一地位

的转变，更有理由让美国将自己的国家利益与石化能源时代紧密挂钩，而不是促成脱离。同时，随着沙特等产油国的必然衰落，碳交易货币就会逐渐取代石油美元。因为未来《巴黎协定》下的碳交易一旦展开，那么碳排放就必然会在很大程度上替代原油价格，成为各国央行考虑货币政策的重要因子，这个因子的波动，将更多地由欧洲人所掌握。所以，这次美国退出《巴黎协定》与美国今后的货币战略乃至地缘政治战略，都紧密相连，是美国大棋局的真正棋眼。"

（五）网友期待中国成为全球气候议题领袖，理智对待气候变暖问题

微博网民"rommel891"留言称，"美国碳排放量这么大说退就退，毫无责任感，中国是时候挑大梁了。"微博网民"不月半于0124"留言称，"总理说得好，言必信、行必果，不然协议签了干吗。"网友"3Qzzzzzz"留言称，"全球变暖的温度不是实验出来的，是用计算机计算的，没有实验根据，丁仲礼院士还说，这不是人类拯救地球的问题，是人类拯救自己的问题，跟拯救地球是没有关系的。"

四、网民画像

从关注此事的网民性别比例图来看，男性所占比例较高，达到57.89%，女性占比39.47%，并存在少数未知性别用户。分析关注此事的网民兴趣标签分布可知，关注此事的网民还热衷于政治、环境气候等领域。

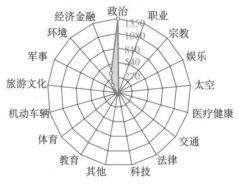

6月关注美国退出《巴黎协定》舆情网民兴趣分布图

从关注此事的网民地域分布来看，该事件的信息发布声量主要集中于北京市、广东省、上海市等一线省市。由此可见，在这类经济发达、网络交互技术设备完善的城市，人们对国际政治信息和环境保护的关注度更高。此外，该类地区相较于西北等地区，人口稠密，环境污染严重，环境保护意识更为强烈，由此，上述地区的网民也更关注此类信息。

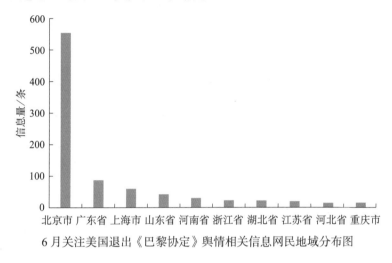

6 月关注美国退出《巴黎协定》舆情相关信息网民地域分布图

（五）舆情研判及建议

一是针对该事件，新华网、人民网、ZAKER、凤凰网等主流媒体争相报道，在增加话题曝光度的同时，梳理了国际国内各方意见还原事实真相。针对该事件带来的舆论风潮，客观上也使中国在全球气候变暖问题上占据了主动权，中国可通过一些具体的行动和声明，表现对气候变化的重视程度，展现一个负责任的大国形象，占据道德高地。《巴黎协定》允许缔约方合作执行其国家自主贡献，也就是说，各国的碳排放权是可交易的，随着中国工业的持续发展，未来很有可能需要更多的碳排放权。美国的退出使得中国在未来的碳排放权交易中可以拥有更大的主动权，中国应尽力争取，掌握命脉。

二是严谨提防网友评论中出现煽动性言论，使居心叵测之人借此分裂国家。对此，"科普中国"平台应加强相关信息监测，积极发挥科普职能作用，引导舆论，营造良好的传播氛围，及时对过分解读及煽动性言论进行处理。

科普舆情研究2017年7月月报典型舆情

（监测时段：2017年7月1～31日）

世界最长跨海大桥主体工程全线贯通

一、事件概述

2017 年 7 月 7 日，多家主流媒体如北方网、腾讯网、搜狐网就世界最长跨海大桥港珠澳大桥主体工程全线贯通发布相关报道。其中，搜狐网发表《飞架伶仃洋的世界最长跨海大桥 主体工程今天贯通》指出，我国在建的世界最长跨海大桥——港珠澳大桥，继 2016 年 9 月主体工程中的桥梁工程全线贯通后，于 7 月 7 日港珠澳大桥海底隧道段的连接工作顺利完成，意味着这个被称为超级工程的跨海大桥主体工程全面实现贯通。港珠澳大桥是东亚建设中的跨海大桥，连接香港大屿山、澳门半岛和广东省珠海市，拥有世界上最长的沉管海底隧道，是我国建设史上里程最长、投资最多、施工难度最大的跨海桥梁项目。港珠澳大桥受到海内外广泛关注，它将连起世界最具活力经济区，快速通道的建成对香港、澳门、珠海三地经济社会一体化意义深远。港珠澳大桥的全线贯通迅速引起舆论聚焦。

二、传播走势

2017 年 7 月 1～31 日监测期间，清博大数据舆情监测系统共抓取全网相关信息 6838 条，其中包含网站新闻 1604 条，占比 23.46%；微博文章 1568 条，占比 22.93%；微信文章 1460 条，占比 21.35%；客户端 1147 条，占比 21.06%；论坛 710 条，占比 10.38%；电子报刊 56 条，占比 0.82%。由 7 月全网涉港珠澳大桥主体工程全线贯通的热度走势图可见，其相关热度在 2017 年 7 月 8 日达到高峰，随后舆论热度逐渐平息。

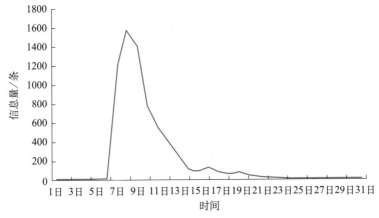

7 月全网涉港珠澳大桥主体工程全线贯通事件相关信息热度走势图

三、舆论观点

监测显示，"世界最长的跨海大桥主体工程全线贯通"相关舆情网民情绪以正面情绪占据主导地位，占比达 74.12%，舆论大多展现了受众对世界级跨海大桥的称赞，以及由祖国强大实力产生的自豪感，中性情绪占比 15.91%，负面情绪占比不超过 10%。

（一）主流媒体刊文报道港珠澳大桥主体贯通，对该工程的影响力抱有重大期望

2017 年 7 月，中国政府网、人民网、央广网等多家主流新闻网站分别以"港珠澳大桥主体工程全线贯通""最后冲刺中的港珠澳大桥""港珠澳大桥海底隧道实现全线贯通"为题，刊文解读港珠澳跨海大桥主体工程贯通情况，并指出"预计今年底大桥将全线通车，届时香港至珠海的陆路通行时间将由 3 小时变成半小时，三地经济融合将不断加深，形成世界瞩目的超级城市群。"这进一步激发了国民对港珠澳跨海大桥的期待。

（二）媒体认为该工程困难重重仍被克服，将大幅推高中国桥梁建设水平

澎湃新闻、网易、中国新闻网和中国日报网发表相关文章展现跨海大桥修建的艰辛和不易，以及该项工程带给我们的荣誉。《港珠澳大桥即将贯通：回顾下这个超级工程8年历程》称："港珠澳大桥从动工建设到海中桥隧主体贯通，八年间攻克了一个又一个难关。港珠澳大桥是中国建设史上历程最长、投资最多、施工难度最大的跨海桥梁，被业界誉为桥梁界的'珠穆朗玛峰'。"《港珠澳桥主体贯通：世界最长的跨海大桥可比60个埃菲尔铁塔》则表示，"直到2009年，大部分桥梁的建设还是靠人工作业。而港珠澳大桥'大型化、工厂化、标准化、装配化'理念和模式的出现，彻底改变了现状，让中国桥梁建设的工业化水平大步迈进。"

（三）业内人士称桥梁标准达到世界级别，外国需向中国学习

荷兰隧道专家汉斯·德维特参与该项目9年多，从来都吝啬于称赞承包人的他，在5月2日港珠澳大桥沉管隧道最终接头安装成功时真诚地说："我相信，我们可以说项目做得非常成功，能够达到最高国际质量标准。"另外，日本技术顾问花田幸生表示："在日本还找不出类似项目，没有这么长的沉管隧道。这一点我一定会向日本同行介绍。另外，我看到中方人员开创了很多新技术，让中国的技术水平不断发展。我一定会告诉日本朋友，中国人现在很了不起，中国将来一定是个很了不起的国家。"

（四）网友祝贺跨海大桥竣工，民族自豪感激发

微博网民"港澳台知事"表示，"这将是继美国纽约湾区、美国旧金山湾区、日本东京湾区之后的世界第四大湾区。"网民"一头可爱的小傻驴"留言，"在海边就能远远地看到在修的港珠澳大桥，超级骄傲和自豪，我一定是祖国的'脑残粉'了"。网民"村联播"表示，"只有把现代化建筑和古老建筑放在一起的时候，你才能理解中国发展的伟大。"

（五）存在少数负面言论，质疑桥梁建设质量问题

（略）

四、网民画像

依据关注此事的网民性别比例图可知，男性所占比例较高，达 59.06%，女性占比 40.94%。分析关注此事的网民兴趣标签分布可知，关注此事的网民还热衷于信息科技、体育竞技两大领域。

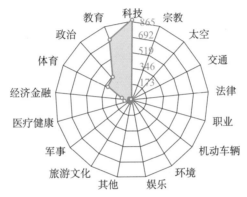

7 月关注世界最长的跨海大桥主体工程全线贯通事件舆情网民兴趣分布图

从关注此事的网民地域分布来看，该事件的信息发布声量主要集中于北京市、广东省、山东省和上海市等发达省市。由此可见，处于经济繁荣、互联网发达、信息通畅的城市中，人们更加关注重要基础交通设施的建设。另外，该工程与广东地区联系密切，对广东的经济发展将会产生重大影响。由此，上述地区网民也更关注此类信息。

（五）舆情研判及建议

一是针对该事件，北方网、腾讯网、搜狐网、凤凰网等主流媒体相继报道，极大地增加了话题曝光度，并指出港珠澳大桥的全线贯通成为中国迈入桥梁强国的里程碑，一定程度上有助于提升中国国际形象。港珠澳大桥全线贯通受到海内外广泛关注，它将连起世界最具活力的经济区——香港、澳门、珠

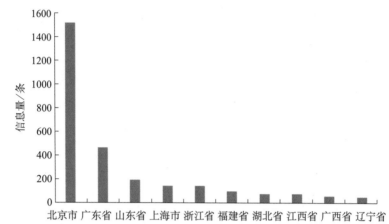

7月关注世界最长的跨海大桥主体工程全线贯通事件舆情相关信息网民地域分布图

海，快速通道的建成对此三地经济社会一体化意义深远。针对该事件带来的舆论风潮，"科普中国"平台可联合主流媒体加强舆论引导，有效借助大众传媒的力量在舆情高涨期掌握主动因势利导，引领话题。

二是存在少数负面言论质疑桥梁建设质量的现象，对此，"科普中国"平台应加强相关信息监测，积极发挥科普职能作用，继续跟进桥梁实际使用情况，发动权威专家，对桥梁质量、技术进行深入解读，引导舆论，打消网民顾虑，营造良好的传播氛围。

科普舆情研究2017年8月月报
典型舆情
（监测时段：2017年8月1～31日）

"墨子"号完成三大实验任务

一、事件概述

2017年6月16日，我国科学家潘建伟院士领导的中国科学院联合团队在《科学》上发表论文宣布，"墨子"号量子卫星成功实现了千公里级星地双向量子纠缠分发及大尺度量子非定域性检验。8 月 10 日，潘建伟团队关于量子卫星"墨子"号的两篇科研论文同时在线发表在国际权威学术期刊《自然》上，内容分别是"墨子"号在国际上首次成功实现从卫星到地面的量子密钥分发，以及从地面到卫星的量子隐形传态。至此，"墨子"号已圆满实现预先设定的全部三大科学目标。与经典通信不同，量子密钥分发通过量子态的传输，在遥远两地的用户共享无条件安全的密钥，利用该密钥对信息进行一次一密的严格加密，这是目前人类唯一已知的不可窃听、不可破译的无条件安全的通信方式。"墨子"号完成三大实验任务意味着"不被破解的加密技术"这个人类千年梦想，已经有了成为现实的科技基础。

二、传播走势

2017 年 8 月 1～31 日监测期间，清博大数据舆情监测系统共抓取全网相关信息 5750 条。其中约有 1845 条源自网站平台，占比 32.08%；微信文章约为 1498 条，占比 26.06%；客户端累计发文 1137 条，占比 19.77%；论坛与微博平台各含 662 条、580 条资讯，分别占比 11.51%、10.09%；电子报刊仅有 29 条文章，比例为 0.50%。全网涉相关事件舆论热度制高点于 8 月 10 日形成，随后热度直线回落，走势低缓，并逐步归于平静。

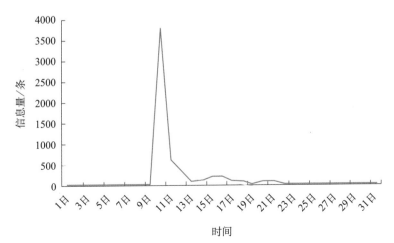

8 月全网涉"墨子"号完成三大实验任务相关舆情网络热度走势图

三、舆论观点

监测显示，"'墨子'号完成三大实验任务"相关舆情网民情绪以正面情绪占据主导地位，占比高达79.61%，相关舆论大多赞扬中国量子科技发展取得硕果。中性情绪占比13.02%。负面情绪仅占比7.37%。

（一）主流媒体刊文报道"墨子"号圆满完成实验目标，展望量子技术未来的应用前景

2017年8月，人民网、凤凰网、澎湃新闻、网易等多家主流新闻网站分别以"'墨子'号量子卫星实现三大目标""圆满完成三大实验任务：全球首颗量子通信卫星的昨天和明天"为题，刊文报道"墨子"号量子科学实验卫星提前并圆满实现全部三大既定科学目标，即量子纠缠分发、量子密钥分发、量子隐形传态，这为中国在未来继续引领世界量子通信技术发展和空间尺度量子物理基本问题检验前沿研究奠定了坚实的科学与技术基础。文章指出，量子通信具有传输高效和绝对安全等特点，因此在国防、军事、金融等领域应用前景广阔。

（二）外媒高度关注"墨子"号实验结果，肯定中国量子科技创新成就

"墨子"号实验相关文章的预印本在学术网站arXiv.org上公开后就受到国际科学媒体广泛关注，英国《金融时报》网站8月10日刊登题为"中国向卫星传送了首个'无法破解'的信息"对该事件进行报道，英国《卫报》以"Beam me up, Scotty! Scientists teleport photons into space"为题进行相关报道，自然新闻（*Nature News*）以"Quantum teleportation is even weirder than you think"为题报道该事件，英国广播公司新闻分别以"First object teleported to Earth's orbit"和"Teleportation: Photon particles today, humans tomorrow?"为题进行连续报道。

（三）国内外学界高度认可"墨子"号实验，称其为量子领域重要里程碑

中国科学院院长白春礼表示，"墨子"号开启了全球化量子通信、空间量子物理学和量子引力实验检验的大门，为中国在国际上抢占了量子科技创新制高点，成为国际同行的标杆，实现了"领跑者"的转变。8 月 10 日，《自然》发表了潘建伟带领的研究团队的实验总结，他们在总结中表示，这些通信是在中国中西部的地面站和 2016 年发射的一颗卫星之间进行的，传输距离长达 1400 公里，并指出"以前，长距离（量子）传送实验的距离上限是 100 公里级"。《自然》杂志的审稿人称赞星地量子密钥分发成果是"令人钦佩的成就""本领域的一个里程碑"，并断言"毫无疑问将引起量子信息、空间科学等领域的科学家和普通大众的高度兴趣，并导致公众媒体极为广泛的报道"。荷兰代尔夫特理工大学教授罗纳德·汉松称，8 月 10 日宣布的消息是"非常重要的里程碑"，认为其"是了不起的进展，中国的实验开启了一个新时代。他们完成了首批地空基础量子任务，将遥远的系统通过量子连接起来已经成为现实"，但他也指出仍存在一些技术障碍。巴黎电信技术学院科研教师罗曼·阿洛姆称赞道："他们解决了大量技术难题，这是工程学的一个大项目。"

（四）网民踊跃转评"墨子"号捷报，科技发展提高民族自豪感

"量子"号完成三大实验任务的捷报传来，网民积极转发、评论相关报道，并为其"点赞"。网民纷纷在微博等社交平台上转发含有"中国量子通信领跑世界"等内容的博文，将其送上热搜榜。中国在尖端科技领域获得的重大成果令网民感到骄傲和自豪。

四、网民画像

从关注此事的网民性别比例图来看，性别比例相差较大，男性所占比例较高，达到 57.17%，女性占比 42.81%。分析关注此事的网民兴趣标签分布可知，关注此事的网民还热衷于科技、通信等领域。

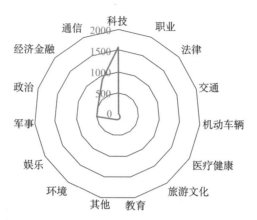

8月关注"墨子"号完成三大实验任务舆情网民兴趣分布图

从关注此事的网民地域分布来看，该事件的信息发布声量主要集中于北京市、上海市、广东省等一线经济发达省市，由此可见，在这类经济发达、网络交互技术设备完善的城市，人们对尖端科技信息的需求更大。同时，该类地区相较于西北等地区，教育水平更高，因此上述地区的网民对高端科技发展更感兴趣，更关注此类信息。此外，该研究团队成员彭承志为中国科学技术大学教授，地域荣誉感带动安徽地区网民高度重视"墨子"号实验相关信息。

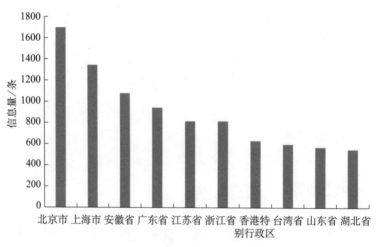

8月关注"墨子"号完成三大实验任务舆情相关信息网民地域分布图

五、舆情研判及建议

一是针对该事件，人民网、新华网、中华网、央视网、中国科技网、光明网、凤凰网、环球网等媒体争相报道，增加相关话题曝光度，提高资讯抵达率，报道通过指出"量子保密通信是唯一已知的不可窃听、不可破译的安全通信方式"，强调"墨子"号的实验价值，使民众不仅知晓这一最新科技成果，而且引发关注兴趣，有利于提高民众对量子科技的认识，达到科普的目的。

二是需注意到网民反馈较为单一，多为转发祝贺"墨子"号完成实验任务，参与深层次讨论的群体集中于高级知识分子阶层，有少数网民表示不理解"墨子"号实验及量子科技的意义，形成部分杂音，对此，"科普中国"平台应积极发挥科普职能，针对热点事件著文，普及相关知识，使民众认识到尖端科技与自己的生活息息相关，从而引起网民情感共鸣，提高网民参与度。

科普舆情研究2017年9月月报
典型舆情
（监测时段：2017年9月1～30日）

"天舟一号"完成自主快速交会对接试验

一、事件概述

2017 年 9 月 12 日 23 时 58 分，"天舟一号"货运飞船顺利完成了与"天宫二号"空间实验室的自主快速交会对接试验。试验开始前，地面科技人员对"天舟一号"先后实施了 4 次轨道控制，保证"天舟一号"与"天宫二号"快速交会试验的初始轨道条件，完成了相关试验准备。12 日 17 时 24 分，地面判发指令，控制"天舟一号"进入自主快速交会对接模式，分远距离自主导引和近距离自主控制两个阶段实施。在远距离自主导引段，"天舟一号"自主导引至远距离导引终点；在近距离自主控制段，"天舟一号"在"天宫二号"的配合下，利用交会对接相关导航设备，完成与"天宫二号"交会。之后，"天舟一号"与"天宫二号"对接机构接触，完成对接试验，整个过程历时约 6.5 小时。这是继 2017 年 4 月 22 日 12 时 23 分我国成功实现货运飞船和空间实验室首次交会对接后，组织实施的又一项重大拓展项目，目的是验证货运飞船的快速交会对接能力，进一步发挥综合效益，为未来我国空间站工程的研制与建设奠定更加坚实的技术基础。

二、传播走势

2017 年 9 月 1～31 日监测期间，清博大数据舆情监测系统共抓取全网相关信息 1840 条，其中包含网站新闻 750 条，占比 40.76%；客户端 402 条，占比 21.85%；论坛 338 条，占比 18.37%；微信文章 178 条，占比 9.67%；微博文章 125 条，占比 6.79%；电子报刊 47 条，占比 2.55%。由全网涉"天舟一号"完成自主快速交会对接试验的热度走势图可见，其相关热度在 2017 年 9 月 16 日和 23 日达到高峰，随后舆论热度逐渐降低。

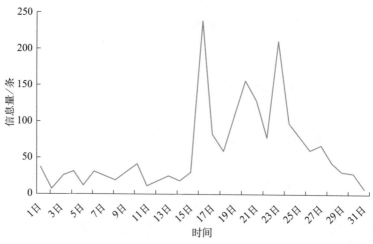

9 月全网涉"天舟一号"完成自主快速交会对接试验事件相关信息热度走势图

三、舆论观点

监测显示，"'天舟一号'完成自主快速交会对接试验"相关舆情网民情绪以正面情绪占据主导地位，占比高达 71.54%，相关舆论大多为给中国航空航天事业发展"点赞"。中性情绪占比 18.58%，负面情绪仅占比 9.88%。

（一）媒体报道"天舟一号"完成自主快速交会对接试验，称"天舟一号"为"快递小哥"

2017 年 9 月，《人民日报》、人民网、新华网、中华网等多家主流新闻网站分别以"'天舟一号'完成与'天宫二号'自主快速交会对接""厉害了！以后中国航天员在空间站甚至可以叫外卖""这个'快递小哥'在太空自主完成了'深情一吻'"为题，刊文报道"天舟一号"完成自主快速交会对接试验。区别于我国以往空间交会对接，快速交会对接，顾名思义，核心和难点在"快速"，本次试验中，"天舟一号"与"天宫二号"的对接时间缩短至 6.5 小时，媒体戏称其为"送快递"，"天舟一号"被亲切地称为"快递小哥"，与"天宫二号"的交会对接则被形容为"深情一吻"。

（二）外媒持续关注"天舟一号"相关试验，高度评价"天舟一号"自主快速交会对接技术

自 2017 年 4 月 20 日"天舟一号"升空以来，外媒广泛关注"天舟一号"相关试验信息，美国航空航天局网站刊文《"天舟一号"——中国首次发射货运飞船补给"天宫二号"》报道该试验，英国《每日邮报》以"中国发射第一艘货运太空飞船'天舟一号'，这个'宇宙快递小哥'携带 6 吨补给供应中国的空间站"为题进行报道。在"天舟一号"完成自主快速交会对接后，外媒称其为中国太空载人航天项目的又一次重大进步，是中国建造永久空间站雄心的一部分，并持续关注后续试验结果。英国《镜报》网站 9 月 23 日报道，9 月 22 日北京时间下午 6 点左右，"天舟一号"接受地面控制指令离开轨道，整个任务被描述为"圆满成功"。英国《简氏防务周刊》表示"中国的'天舟一号'

货运飞船其运送的吨位的载荷接近50%，光货包的总数就达到了100个以上，而这里面所包含的不仅仅是常规的生活用品。而为了控制'天舟一号'的在轨姿态等，它整体上下包含4种推力级，所使用发动机的数量多达36台，所以实现精准控制完全轻而易举。"

（三）网民为试验成功"点赞"，纪念完成任务后主动离轨烧毁的"天舟一号"

"天舟一号"官方微博账号"我是天舟一号"用第一人称发布试验相关信息，风趣、生动的表达吸引大量粉丝，其评论区是粉丝的聚集地。当"天舟一号"完成自主快速交会对接试验的捷报传来，网民积极发来贺电，试验完成后"天舟一号"主动离轨烧毁，粉丝又纷纷前来"悼念"，网民评论称，"中国人的星辰里你是重要的一颗星。再见。""再见，你和'天宫二号'一样，为我们中国航天事业做出了重大贡献……""我国自主研制的首艘货运飞船'天舟一号'，22日完成各项任务后进入大气层烧毁！迄今，中国航天'快递小哥'完成太空加油、快速交会对接等多项任务、创下多个第一后，主动牺牲，不留下任何垃圾。看'快递小哥'的辉煌经历，说一声再见！"以此"缅怀""天舟一号"。

（四）部分网民、媒体谴责新闻焦点走偏，对"天舟一号"试验报道力度不足

网民"南柯一梦"称，"多少人在熬夜看苹果的发布会，多少媒体在盯着苹果发布会的细节准备抢新闻，却鲜有人关注中国航天事业的这个大事件！苹果热潮还没褪去，又来了王宝强离婚案！一时间，各大网站头版头条全被刷屏了！而今年4月20号才升空的中国第一艘货运飞船'天舟一号'，仅仅过去了不到5个月的时间，并且刚刚完成了航天技术突破，居然没有抢到一点点热度！待遇差别，何止天壤！"《环球时报》则以"不幸，这么牛的新闻却撞上了薛之谦八卦和苹果发布会……"为题报道"天舟一号"试验相关信息新闻曝光度不足的状况。

四、网民画像

从关注此事的网民性别比例图来看，性别比例相差较大，男性所占比例高达 75.18%，而女性占比仅有 24.82%。分析关注此事的网民兴趣标签分布可知，关注此事的网民还热衷于太空、科技等领域。

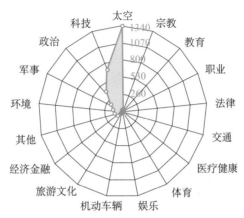

9 月关注"天舟一号"完成自主快速交会对接试验舆情网民兴趣分布图

从关注此事的网民地域分布来看，该事件的信息发布声量主要集中于北京市、香港特别行政区等一线经济发达城市，这是由于该类地区经济发达，科技发展水平与科技应用水平较高，高端科技成果受到广泛关注。此外，辽宁地方

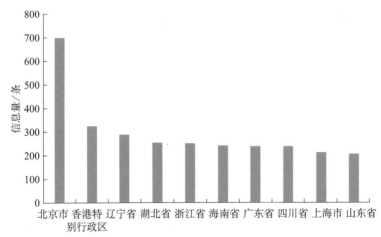

9 月关注"天舟一号"完成自主快速交会对接试验舆情相关信息网民地域分布图

媒体曾于 2017 年 4 月大力报道中国航天科技集团一院"长征七号"副总设计助理、辽宁工程技术大学学子胡晓军的事迹,"长征七号"遥二是"天舟一号"的运载火箭,这些报道引起当地人民对"天舟一号"相关信息的持续关注。

五、舆情研判及建议

一是针对该事件,《人民日报》、人民网、新华网、凤凰网、《环球时报》等媒体积极报道,标题风趣幽默,用"送快递""快递小哥""深情一吻"等接地气的词汇指代"天舟一号"货运飞船及其试验任务,引发网民阅读兴趣,有效改善了网民对尖端科技"高冷"形象的固有认知。

二是因与娱乐热点事件相撞,"天舟一号"完成自主快速交会对接试验相关舆情热度受到切割,传播效果未达到理想的高度和广度,也引起部分网民为其鸣不平,引发少量杂音,针对此类情况,"科普中国"平台应加大宣传力度,让亿万网民在众生喧哗中听到科技的声音。

三是还需注意到关注此事的网民性别比例差距较大,主要是因男性网民对太空、科技等信息更感兴趣,但也能反映出相关报道对女性兴趣点挖掘不足,影响信息抵达率,对此,"科普中国"平台应积极开发女性读者群体,提高女性网民对尖端科技信息话题的参与度。

科普舆情研究 2017 年 10 月月报
典型舆情
(监测时段: 2017 年 10 月 1～31 日)

中国"天眼"发现脉冲星

一、事件概述

2017 年 10 月 10～11 日,多家主流媒体如《人民日报》、中国科学院网、新华社、新浪网、网易、凤凰网发布有关中国"天眼"——FAST 射电望远镜首次发现脉冲星的报道。其中，新华社发表《"中国天眼"发现脉冲星　实现我国该领域"零的突破"》称，被誉为"中国天眼"的世界最大单口径射电望远镜已成功运行，并发现多颗脉冲星且获得国际认证，打破我国在该领域的零纪录。FAST 望远镜工程由天文学家南仁东带领，于西南偏僻山区历经 20 年建造而成，最终超过此前著称于世界的两大射电望远镜，跻身世界顶尖水平行列。经过一年调试，FAST 射电望远镜于本月 10 日发现多颗脉冲星，创造出我国天文望远镜首次发现脉冲星的纪录，引发受众高度关注。

二、传播走势

2017 年 10 月 1～31 日监测期间，清博大数据舆情监测系统共抓取全网相关信息 5933 条，其中包含微博文章 3344 条，占比 54.77%；网站新闻 1098 条，占比 19.72%；客户端 685 条，占比 11.20%；微信文章 650 条，占比 10.67%；论坛 192 条，占比 3.59%；电子报刊 4 条，占比 0.06%。由 10 月全网涉中国"天眼"发现脉冲星的热度走势图可见，其相关热度在 2017 年 10 月 10 日暴增，并于 11 日达到高峰，随后舆论热度波动平息。

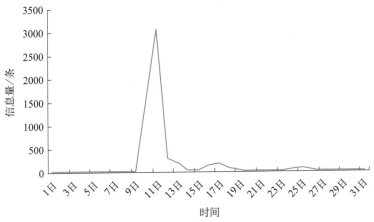

10 月全网涉中国"天眼"发现脉冲星事件相关信息热度走势图

三、舆论观点

监测显示，"中国'天眼'发现脉冲星"相关舆情网民情绪以正面情绪为主，占比达62.99%，舆论大多表现了对这项伟大工程的感叹和对科学家的敬仰。中性情绪占比25.91%，负面情绪占比11.10%。

（一）媒体报道中国"天眼"发现脉冲星，赞其实现了我国该领域"零的突破"

2017年10月，《人民日报》、新华网、网易新闻、新浪网、凤凰网、腾讯网、央视网等多家主流新闻媒体网站分别以"'中国天眼'发现脉冲星实现我国该领域'零的突破'""零的突破'中国天眼'发现脉冲星""厉害了我的国：中国天眼发现脉冲星"等题，刊文报道了中国"天眼"发现脉冲星这一创举，称其标志着我国在太空研究领域又迈出了里程碑式的一步，也增强了我国在太空竞备研究中的实验能力基础。

（二）外媒高度关注"天眼"监测结果，"中国威胁论"再现，担忧接收到外星信号对人类社会造成负面影响

2017年10月"天眼"发现第一颗脉冲星后吸引国内外各大媒体的关注和报道，英国广播公司网站对此发表观点称，脉冲星通过接收脉冲信号确定飞船在外太空中的具体位置，中国正致力于取代美国成为空间技术的统治力量。《大西洋月刊》发表文章《如果（与外星人）首次接触的是中国，会怎样？》指出，中国收到信号后，也许会公开消息但对信号来源位置保密，以免某些边缘组织自作主张向外星文明发出回应；也许这个信号将成为中国的国家机密，但即使如此，其国际合作伙伴也存在不听指挥的可能性；又或者，中国自己的科学家会将信号转换成光脉冲，让它在遍布地球的光纤电缆网络中自由飞翔，即使首次接触没有触发地缘政治冲突，人类也必将经历激烈的文化转型。

（三）网民"点赞"天文学家的专注科研精神，怀念并称赞南仁东先生，希望在当今浮躁的社会涌现更多"国之脊梁"

网民称赞我国"天眼"的天文探测能力，纷纷对"天眼"项目的主要贡献者南仁东先生致敬和怀念。网民"黎原学交易"评论称，"南仁东先生注定是这个国家的标杆，不畏死生者有之，不恋权贵者有之，再次向民族的脊梁致敬"。网民"矜持小女孩儿"评论称，"吃水不忘打井人，时刻怀念南仁东"。网民"小夜楼哭"评论称，"向南仁东先生致敬，希望先生知道，您的梦，实现了。正是因为有先生这样的人，这个民族，这个世界才会越来越好"。网民"鹊鸦"评论称，"说真的，各种消息都觉得这个国前所未有的更好了"。

（四）部分网民认为"天眼"增强了探测并沟通外星生物的可能，联系《三体》提出的黑暗森林理论，认为天外探索可能给人类带来威胁

部分网民担忧若"天眼"沟通到外星生物会给人类带来未知威胁，尤其是部分网民联想到科幻小说《三体》中描述的黑暗森林理论，认为人类应该在宇宙中缄默发展，藏匿自身而非主动寻找外星生命避免引来杀戮。网民"彤锣烧Sita"评论称，"想到《三体》"。网民"Hypocrites伪善者"评论称，"黑暗森林理论我觉得是对的，杀戮是生存的唯一标准"。网民"讨厌取名字188"评论称，"地球这个孩子要在黑暗森林里举起火把了"。网民"伟大的从容"评论称，"想到了三体里的红岸工程"。网民"艺高-添添猪"评论称，"不要回答，不要回答！这是给人类最后的忠告！"

四、网民画像

分析关注此事的网民性别可得，女性所占比例较高，达到 60.04%，男性占比 39.96%。分析关注此事的网民兴趣标签分布可知，关注此事的网民还热衷娱乐、军事、旅游文化等领域。

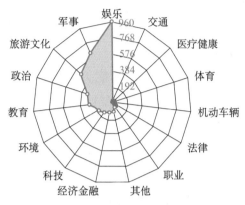

10月关注中国"天眼"发现脉冲星事件舆情网民兴趣分布图

从关注此事的网民地域分布来看，该事件的信息发布声量主要集中于北京市、广东省、上海市等经济发达省市。由于此类经济发达地区受众受教育程度更高，对新闻资讯尤其是重大科技类资讯敏感度高，因此这些地区的网民更关注此类信息。

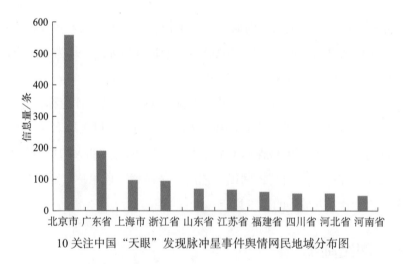

10关注中国"天眼"发现脉冲星事件舆情网民地域分布图

五、舆情研判及建议

一是人民网、新华社、中国科学院网等官方媒体积极发布相关信息，展现了 FAST 射电望远镜的成就，并歌颂了老一辈科学家矢志不渝、百折不挠的进取精神，有利于强化我国在该领域的话语权，并能激发公众向科学家学习的动力。该事件带来的舆论风潮普遍偏向正面，尤其是处在社会风气较为浮躁的当下，社会泛娱乐化较为严重，受众过度关注娱乐，而忽视、轻视科学技术，而 FAST 射电望远镜的成果不仅能够使受众升起民族自豪感，更能够激发受众对科学的认知欲望、对科学家的敬畏之情，从而提高公众对科学技术的关注度，推动国家复兴强盛。因此，主流媒体可利用议程设置，增加科学技术的相关报道量，塑造舆论环境。

二是从网民情绪分布图来看，绝大多数人对该工程的前景持有乐观态度，并因此产生国家自豪感以及激励自我前行的动力，为科学技术的研究发展创造了良好的社会环境。由热点分析词可得，科学技术在舆论中的受关注程度较低，如何提高受众尤其是年轻人对科学技术的兴趣以及科学技术在受众心中的地位，需要官方媒体、主流媒体以及自媒体等传播平台共同发力。

三是网友评论中不乏过度解读和调侃，如某微博网友表示"还找外星人，还怕境外敌对势力不够多吗？"体现出部分网民对该项工程持负面认知；有网友戏称"没关系，比我们高的文明肯定有小动物保护协会"，该评论展现出多数人对未知的恐惧、迷茫。对此，科普相关部门需强化科普推广，增加舆论对航空航天、信息技术等方面的知识积淀，引导网民正确积极、客观地看待此事，对于极端煽动性言论则应及时予以处理，净化舆论环境。

科普舆情研究2017年11月月报
典型舆情
（监测时段：2017年11月1～30日）

我国发布"寒武纪"新一代人工智能芯片

一、事件概述

2017 年 11 月 6 日，由中国科学院科学传播局主办的我国新一代人工智能芯片发布会召开，"寒武纪"新一代智能处理器芯片产品首次公开亮相，其系列分别是 3 款面向智能手机等终端的"寒武纪"处理器 IP，两款面向服务器等云端的"寒武纪"高性能智能处理器，以及 1 款专门为开发者打造的人工智能软件平台。芯片研制团队称，力争在未来 3 年占有中国高性能智能芯片市场 30% 的份额，并使全世界 10 亿台以上的智能终端设备集成有"寒武纪"终端智能处理器。"寒武纪"处理器基于寒武纪科技所发明的国际首个人工智能专用指令集，具有完全自主知识产权，在计算机视觉、语音识别、自然语言处理等关键人工智能任务上具备出类拔萃的通用性和效能比。

二、传播走势

监测时段 2017 年 11 月 1～30 日期间，清博大数据舆情监测系统共抓取全网相关信息 2247 条，其中包含网站新闻 848 条，占比 37.74%；微博文章 578 条，占比 25.72%；微信文章 364 条，占比 16.20%；客户端 320 条，占比 14.24%；论坛 120 条，占比 5.34%；电子报刊 17 条，占比 0.76%。由 11 月全网涉我国发布"寒武纪"新一代人工智能芯片的热度走势图可见，其相关热度在 2017 年 11 月 6 日达到高峰，随后舆论热度逐渐平息。

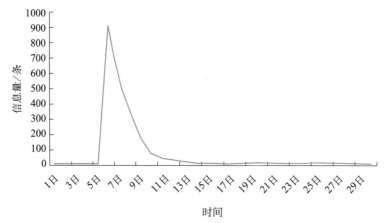

11 月全网涉我国发布"寒武纪"新一代人工智能芯片事件相关信息热度走势图

三、舆论观点

监测显示，"我国发布'寒武纪'新一代人工智能芯片"相关舆情网民情绪以正面情绪占据主导地位，占比高达 83.81%，网民认可寒武纪科技在人工智能芯片领域的突破，中性情绪占比 9.73%，负面情绪占比仅有 6.48%。

（一）主流媒体报道"寒武纪"新一代人工智能芯片问世，看好其应用前景

2017 年 11 月，人民网、中国新闻网、新华网、凤凰网等多家主流媒体分别以"我国发布'寒武纪'新一代人工智能芯片""人工智能，正在变道超车"为题，刊文报道"寒武纪"新一代智能处理器芯片产品首次公开亮相一事。此次发布的新一代智能处理器分别是：面向低功耗场景视觉应用的"寒武纪1H8"、拥有更广泛通用性和更高性能的"寒武纪 1H16"，以及面向智能驾驶领域的"寒武纪 1M"。报道称，新一代智能处理器在功耗、能效比、成本开销等方面进行了优化，性能功耗比再次实现飞跃，适用范围覆盖了图像识别、安防监控、智能驾驶、无人机、语音识别、自然语言处理等各个重点领域，拥有极好的应用前景。

（二）业内人士盛赞新一代"寒武纪"处理器，认为有望构建由中国主导的国际智能产业生态

中国科学院计算技术研究所研究员、寒武纪科技创始人兼首席执行官陈天石表示，"寒武纪"将力争在 3 年后占有中国高性能智能芯片市场 30% 的份额，并使全世界 10 亿台以上的智能终端设备集成有"寒武纪"终端智能处理器，称"如果这两个目标实现，寒武纪将初步支撑起中国主导的国际智能产业生态"。中国科学院计算技术研究所所长孙凝晖表示，人工智能经历 60 余载沉浮，如今迎来了收获的季节，认为"寒武纪公司是中国科学院计算技术研究所在处理器与人工智能交叉领域超前布局的结晶"，同时他指出，寒武纪科技在智能芯片领域占据全球领先地位，通过与产业上下游伙伴通力合作，有望引领中国人工智能产业"变道超车"。中国科学院科学传播局局长周德进对寒武纪科技寄予厚

望，认为"'寒武纪'处理器是中国科学院在智能方向基础研究的关键突破。未来通过产学研用的结合，寒武纪公司具有持续引领世界人工智能发展新潮流的潜力"。

（三）股票相关行业认为芯片股将扛牛市大旗

水晶球财经网官方微博账号发文称，"人工智能的快速发展使全球集成电路面临重要节点，AI 芯片已成为集成电路发展重点，未来数年内中国集成电路产业有望借助国产 AI 芯片东风快速发展实现跨步式发展"。中国科学院发布"寒武纪"新一代人工智能芯片进一步推动了业界对国内芯片股的关注，其官方账号指出，"最近，南下资金不断加仓在港股上市的芯片龙头股。周三，港股、A 股市场开盘后，芯片股陷入集体狂欢"，并援引华尔街投行的观点，认为"相比五大科技股 FAANG，芯片股的股价更便宜，有望成为 2018 年市场最大的赢家。芯片股性价比超越科技股"。

（四）多数网民认可中国人工智能科技发展成果，少量网民盲目唱衰

如有微博网民表示，"真正的科技强国，芯片再不用进口外国的了"；认为寒武纪科技"是一家值得关注的企业"。但应注意到，少量网民盲目唱衰中国人工智能产业，认为中国人工智能芯片挑战英伟达等芯片行业霸主地位是无稽之谈。

四、网民画像

从关注此事的网民性别比例图来看，两性占比差异较大，男性所占比例高达 83.61%，女性占比仅为 16.39%。分析关注此事的网民兴趣标签分布可知，关注此事的网民还热衷于科技领域。

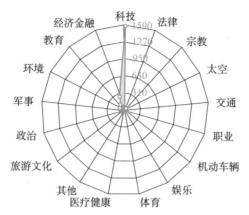

11 月关注我国发布"寒武纪"新一代人工智能芯片事件网民兴趣分布图

从关注此事的网民地域分布来看，该事件的信息发布声量主要集中于北京市、上海市、广东省等一线省市，由于这类地区经济发达，科技发展水平高，人工智能技术应用广泛，人们对人工智能芯片资讯的关注度更大。此外，该类地区为高新技术产业及其人才聚集地，相关人士对人工智能芯片技术更为关注。

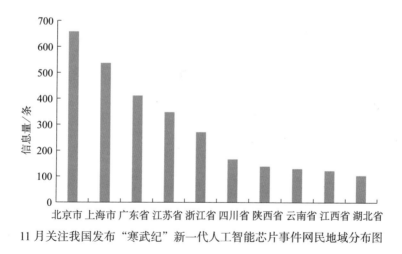

11 月关注我国发布"寒武纪"新一代人工智能芯片事件网民地域分布图

五、舆情研判及建议

一是针对该事件，人民网、新华网、中国新闻网、凤凰网等主流媒体积极报道，扩大舆情传播声量，报道援引陈天石的比喻，认为"AlphaGo（'阿法狗'）的算法系统就好像水，处理器就是盛水的碗。谷歌没能找到碗，只好用瓦片装水，而'寒武纪'处理器就是这只碗"，生动形象地说明研发专门人工智能处理器的意义，易于网民接受、理解，受认可度高。

二是在网民评论中存在少量杂音，部分网民在未全面了解"寒武纪"新一代人工智能芯片的情况下，盲目唱衰中国人工智能产业，迷信美国芯片霸主地位，反映出崇洋媚外和不自信的心态。对此，"科普中国"相关平台账号应积极发挥科普职能，对"寒武纪"新一代人工智能芯片的性能进行简明易懂的介绍和对比，用事实打破这部分网民的固有观念，树立其民族自信心。

科普舆情研究2017年12月月报
典型舆情
（监测时段：2017年12月1～31日）

第二架C919大型客机完成首次飞行引发国际关注

一、事件概述

2017年12月17日中午，由机长吴鑫、试飞员徐远征驾驶的C919第二架客机，搭载观察员邹礼学和试飞工程师戴维、刘立苏从上海浦东国际机场第四跑道起飞，飞机在4500米高度规定空域内巡航飞行1小时15分钟，完成预定试飞科目后于12时34分安全返航着陆。C919第二架客机成功完成首飞任务，迅速引来国内外媒体关注，并有部分外媒对于此次成功飞行给予高度认可。

二、传播走势

其中包含客户端新闻1253条，占比36.37%；微信文章1113条，占比

32.33%；网站新闻 711 条，占比 20.64%；论坛发帖 215 条，占比 6.24%；微博 130 条，占比 3.77%；电子报刊文章 22 条，占比 0.65%。事件传播主场为客户端及微信平台。由 12 月全网涉第二架 C919 大型客机完成首飞的热度走势图可知，部分媒体于 5～6 日发文预告第二架 C919 首飞时间，形成月内首个传播小高峰。17 日，第二架 C919 于上海浦东国际机场完成首次飞行，多家媒体及时关注事件发展，维护信息时效，促成传播最高峰成形。此后信息量迅猛下滑，但每日均有小幅输出，舆论呈现"长尾效应"。

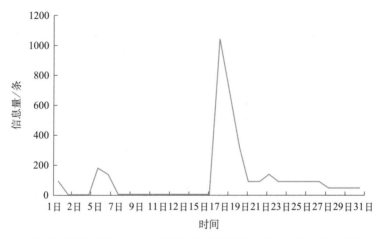

12 月全网涉第二架 C919 大型客机完成首飞事件相关信息热度走势图

三、舆论观点

监测显示，"第二架 C919 大型客机完成首飞"相关舆情网民情绪以正面情绪为主，占比高达 85.01%。中性占比达到 10.96%，负面舆论仅占 4.03%。总体而言，"第二架 C919 大型客机完成首飞"的消息振奋人心，取得国内外媒体的关注与"点赞"。负面信息则源自少数网民对其安全性的质疑。

（一）主流媒体重在表达此次飞行对于我国大型客机发展的重大意义

12 月 18 日，《北京青年报》首发，新华网转发文章《第二架 C919 大型

客机完成首飞 共将投入 6 架试飞飞机》表示，第二架 C919 大型客机在上海浦东国际机场完成首次飞行，这意味着 C919 大型客机逐步拉开全面试验试飞的新征程。凤凰网也在其推文《第二架国产大飞机 C919 成功首飞，我们离坐上安全可靠的中国客机又近了一些》中表示，第二架 C919 大型客机的飞行时间大幅增加，飞行空域也更广，我们离坐上安全可靠的中国客机又近了一步。

（二）业内人士肯定此次飞行意义，同时明确未来道路所需面临的挑战

中国商飞公司民用飞机试飞中心总工程师王伟在接受中央电视台采访时说，C919 大型客机在上海要检查的系统共有 22 个，飞行试验点有 120 多个，目前计划安排 6 个架次去完成 1000 多项符合性验证试验，并争取在 1 月底左右进行转场试飞。并有中国商飞公司相关专家表示，未来几年，C919 大型客机要完成全部适航验证科目，取得中国民用航空局颁发的型号合格证（TC），获得进入市场运营的资质，还需攻克安全风险、技术、多部门协同、一线工程技术人员不足、欧美适航审查、适航验证经验匮乏等难关。

（三）外媒给予此次飞行高度评价，助力完善我国国际形象

12 月 18 日，中国网刊文表示，法国《观点报》援引法新社报道，中国第二架 C919 大型客机 17 日在上海浦东国际机场完成首次飞行，并指出，C919 可能将撼动空中客车公司和波音公司在大型客机领域的统治地位。

（四）网民聚集自媒体平台，为第二架 C919 大型客机的成功首飞"点赞"

新浪网民"2018_different_ 小视界"表示，"期待更多国产大飞机驰骋蓝天"。微博"大 V""主持人志扬"表示，"厉害了我的国，期待早日坐上 C919 航班"。网民"祺祥美珺"也留言表示，"鼓掌鼓掌，感谢所有参与制造 C919 的人"。

（五）部分网民认为当下庆祝为时尚早，并对其安全性提出较大质疑

新浪网民"搓古"调侃道，"国之重器，建议先做领导专机，10 年内无安全事故，再转民用"。

四、网民画像

从关注此事的网民性别比例图来看，男性所占比例高达 70.54%，女性仅占 29.46%。分析关注此事的网民兴趣标签分布可知，关注此事的网民还热衷经济、军事等领域。

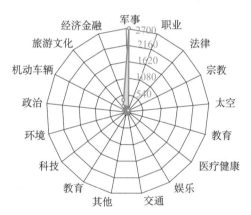

12 月关注第二架 C919 大型客机完成首飞事件舆情网民兴趣分布图

从关注此事的网民地域分布看，北京市、广东省、上海市分列前三，新疆维吾尔自治区、内蒙古自治区及港澳台地区的网民对此事的关注程度相对较低。

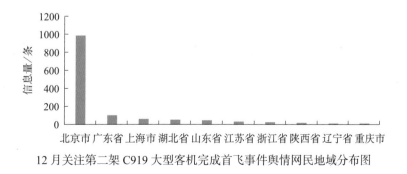

12 月关注第二架 C919 大型客机完成首飞事件舆情网民地域分布图

五、舆情研判及建议

一是相关舆论情绪以正面为主，媒体在此事件上的舆论导向作用值得肯定。同时，有部分社会影响力极高的中央级主要新闻媒体借助此次时机，采访域内专家，对我国大型客机的发展现状、未来挑战进行了知识点普及，丰富了文章价值，达到科普效果。但有部分网民过度解读媒体总结的六大困难，试图抹灭第二架 C919 大型客机完成首飞的意义。建议媒体在公布我国大型客机未来发展的难点、挑战的同时，邀请专家论证，给出可能的应对方法和前景展望，避免部分网民借题发挥，搅乱舆论场。

二是少数网民针对网上发布的相关短视频，发出"速度过慢""感觉飞得又低又矮"等言论，此类因视频时长限制及拍摄角度制约而产生的负面言论须引发关注，建议相关信息发布之前，可通过剪辑组合收录精彩画面，展示出第二架 C919 大型客机的精彩表现，避免公众因传播方式而产生误解，增加事件的负面声量。

附录二

科普舆情研究 2017 年季报

科普舆情研究2017年第一季度报告
十大科普主题热度指数排行
（监测时段：2017年1月1日～3月31日）

　　2017年第一季度，在十大科普主题热度指数综合排行榜中，健康与医疗主题的受关注度最高，热度值达90 879 058；信息科技以60 391 047的热度值紧随其后，表明网民对此类信息的需求增大；而伪科学这一科普主题的相关题材传播力度较低，热度值仅为666 380。从信息的传播渠道来看，微博、微信重在传播健康与医疗类相关内容，其热度值分别为29 795 788、47 666 658，其中，微信平台的热度指数在健康与医疗热度总指数中占比52.45%，表明用户主要通过微信平台接收该类资讯。总体而言，微博、微信和网站平台为涉科普相关的舆情信息传播主阵地，反映用户获取信息时的平台选择习惯。

2017 年第一季度十大科普主题热度指数综合排行榜　（单位：条）

序号	科普主题	网站	微博	微信	电子报刊	论坛	客户端	今日头条号	热度指数
1	健康与医疗	12 366 208	29 795 788	47 666 658	21 234	526 021	480 098	23 051	90 879 058
2	信息科技	18 940 878	20 156 654	20 247 415	30 742	574 557	418 964	21 837	60 391 047
3	气候与环境	9 223 793	10 978 307	14 156 197	18 958	339 077	254 432	11 958	34 982 722
4	能源利用	8 105 956	15 197 085	8 293 430	14 193	283 225	144 612	7 544	32 046 045
5	前沿技术	6 566 171	8 502 290	8 024 278	9 242	2 597 354	160 468	7 730	25 867 533
6	航空航天	7 431 093	7 193 572	8 849 851	9 993	205 177	145 501	11 908	23 847 095

续表

序号	科普主题	网站	微博	微信	电子报刊	论坛	客户端	今日头条号	热度指数
7	应急避险	3 386 710	4 063 154	5 650 213	5 590	119 377	98 969	6 400	13 330 413
8	食品安全	1 015 569	1 478 440	2 443 669	1 590	44 243	38 427	1 628	5 023 566
9	科普活动	514 618	285 179	551 753	634	11 153	11 666	433	1 375 436
10	伪科学	43 590	98 180	517 376	69	3 959	3 090	116	666 380

注：热度指数是指十大科普主题各自在全网七大平台上的信息总量

一、十大科普主题热度关键词

从十大科普主题关键词热度排行可知，2017 年第一季度，信息科技主题下热度排名前十的关键词的热度总值最高，达到 45 994 867，源于 2017 年 3 月 5 日国务院总理李克强在第十二届全国人民代表大会第五次会议上所做的政府工作报告中提到，加快培育壮大新兴产业。全面实施战略性新兴产业发展规划，加快新材料、新能源、人工智能、集成电路、生物制药、第五代移动通信等技术研发和转化，做大做强产业集群。这助力"信息科技"关联词汇热度高涨。第一季度，最热关键词为健康与医疗主题中的"健康"，其热度值高达 18 448 487，源于 2016 年 12 月 28 日中国人民解放军军事医学科学院宣布重组埃博拉疫苗（rAd5-EBOV）500 例临床试验取得成功，事件影响延续到 2017 年 1 月；2017 年 2 月 9 日晚，青岛市城阳区人民政府公开回应承认该省某三级综合医院血液透析室违反操作规程导致乙肝感染暴发事件消息属实并通报事件处置情况，掀起舆论热议浪潮；3 月媒体集中刊文解读《2017 中国城市癌症报告》等。此外，健康与医疗主题下十大关键词的平均热度为 4 012 362.4，反映网民对其相关话题的关注。

2017年第一季度十大科普主题关键词热度排行榜　　（单位：条）

序号	科普主题	热度关键词（热度值）									
1	信息科技	数据 13 938 070	信息 13 444 123	互联网 3 955 788	APP 2 882 060	电脑 2 276 229	软件 1 889 286	温度 1 577 275	通讯 1 562 205	睡眠 1 197 533	电商 1 128 552
2	健康与医疗	健康 18 448 487	心脏 3 956 561	食物 2 842 514	疾病 2 788 736	养生 2 629 195	预防 2 228 547	中医 1 784 852	元素 1 673 034	保健 1 580 609	脂肪 1 450 708
3	气候与环境	环境 8 717 591	垃圾 4 084 338	环保 3 009 434	生态 2 812 229	污染 2 191 034	雾霾 1 936 080	饮食 1 886 963	气温 942 247	辐射 739 366	空气质量 523 921
4	航空航天	飞机 1 631 754	地球 1 224 056	宇宙 985 982	星球 826 615	太空 689 542	卫星 411 756	火箭 313 762	紫外线 269 412	无人机 259 066	航母 239 558
5	前沿技术	能量 5 619 401	智能 3 272 266	生物 1 859 383	人工智能 916 703	3D 809 376	机器人 612 645	模拟 612 529	VR 520 672	LED 516 978	智能手机 500 869
6	能源利用	电子 3 472 235	能源 1 495 988	产能 908 591	电池 874 162	功率 778 699	石油 722 549	节能 686 665	新能源 671 428	电动车 519 484	煤炭 480 873
7	应急避险	预警 781 051	高温 672 081	火灾 669 784	防护 577 474	大风 498 882	传染 427 308	地震 381 733	防火 378 997	流感 337 335	灾害 313 922
8	食品安全	食品安全 491 955	腹泻 406 552	流感 336 155	微生物 207 886	垃圾食品 199 164	禽流感 177 625	转基因 157 764	防腐剂 140 839	假酒 139 551	油炸食品 82 519
9	科普活动	知识产权 472 236	科幻 363 702	科协 83 412	科技馆 65 508	三体 38 545	国防科技 34 396	科技成果 28 495	星际穿越 12 295	航空 11 275	科学传播 9 108
10	伪科学	迷信+风水 170 674	邪教 120 663	修行+法+教 89 611	迷信+占卜 67 535	迷信+算卦 58 854	迷信+解梦 45 045	迷信+星座 21 173	异常现象 15 123	特异功能 13 457	迷信+占星 9 368

注：按照十大科普主题十大热度关键词的总热度值排序

二、十大科普主题地域发布热区

根据2017年第一季度十大科普主题地域发布热区数据表最终计算可知，

2017 年 1 月 1 日至 3 月 31 日，发布热区集中于沿海地区，这类地区经济普遍较发达，网民对科普信息更为关注，其中，北京市、广东省、浙江省分别以 53 580 022、12 668 605、8 088 085 的信息发布总量位列全国 31 个省（自治区、直辖市）前三名。此外，四川省的科普信息发布量较高，体现了地方对科普的重视。

其中，北京市发布的科普主题内容集中在信息科技、健康与医疗、气候与环境、能源利用四方面，相关内容在北京市信息发布总量中占比 72.18%，北京市作为全国政治、文化中心，教育发展水平、科技应用水平、人民生活水平高，网民对科普信息具有更高要求，更关注信息技术相关资讯。而广东省和浙江省则较为关注健康与医疗这一科普主题的相关资讯，内容发布量分别为 4 375 200 和 2 332 855，在省份第一季度科普信息发布总量中分别占比 34.54% 和 28.84%。而在所有省（自治区、直辖市）中，科普活动、伪科学两大主题相关信息的发布量普遍较少。

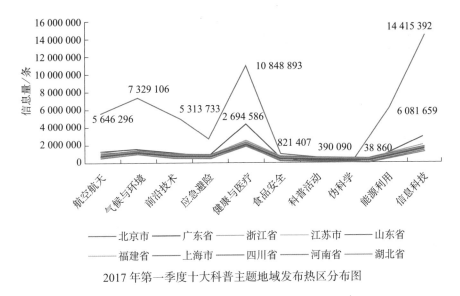

2017 年第一季度十大科普主题地域发布热区分布图

三、十大科普主题典型文章及分平台热文排行榜

十大科普主题发文数排行榜

排名	类别	发文数/条	典型文章
1	应急避险	1 333 0413	为什么会有月震？月震会持续多久？
2	气候与环境	34 982 722	惭愧！今天才知道雨水节气居然是这样
3	前沿技术	25 867 533	这张 3D "照片"，科学界等了六十五年
4	信息科技	60 391 047	点评 AirPods：这些年数它最有苹果味儿
5	健康与医疗	90 879 058	生病运动有个临界点？
6	食品安全	5 023 566	吃路边小吃的都是不怕死的！惊天秘密曝光了……｜提醒
7	伪科学	666 380	穿山甲肉药用价值大起底，只是一场炒作？
8	航空航天	23 847 095	火箭发射：实现人类一飞冲天的梦想
9	科普活动	1 375 436	3·15 大曝光！"三无"体检队魔爪伸进学校危害 13 万孩子的眼睛
10	能源利用	32 046 045	怎样把海水变成淡水？神奇的时刻在这

综合观察各大传播平台的十佳科普热文得出以下特点。

一是在主题类别上，榜内热文由健康与医疗类文章主导，在所有上榜热文中占比 82%，体现用户对健康、医疗相关资讯的高度关注，反映了现代人越来越重视健康问题，追求生活高质量。

二是在内容发布模式上，上榜热文多采用图文结合或搭配短视频、音频等方式，文章表现形式多样，具有创新性，融媒介传播特征显著。

三是在标题拟定上，各平台标题多用设问句或感叹句吸引读者。此外，不同平台标题拟定各有其特色，如微博平台多使用新闻式标题，清晰直观；微信平台标题使用口语化、网络化语言，轻松阅读引流效果佳；百度百家平台则以负面结果导向式标题引发用户阅读兴趣。

四是在传播表现上，第一季度微博、微信等平台为科普类信息传播主场，为用户获取科普类信息主渠道，其中，微信平台共收获 452 条阅读量超 10 万的科普热文，传播表现十分优异。

科普舆情研究2017年第二季度报告
十大科普主题热度指数排行
（监测时段：2017年4月1日～6月30日）

2017 年第二季度，在十大科普主题热度指数综合排行榜中，健康与医疗主题的热度指数最高，热度值达 90 353 525。信息科技以 72 241 156 的热度值紧随其后。从信息传播渠道来看，网站和微博平台注重发布信息科技类科普内容，其热度值分别为 30 330 707、5 726 595，而微信以传播健康与医疗类科普内容为主，其热度指数达 62 600 060。

2017 年第二季度十大科普主题热度指数综合排行榜 　（单位：条）

序号	科普主题	网站	微博	微信	电子报刊	论坛	客户端	今日头条号	热度指数
1	健康与医疗	18 480 600	5 604 381	62 600 060	581 968	1 986 605	875 667	224 244	90 353 525
2	信息科技	30 330 707	5 726 595	32 317 707	808 693	1 937 543	840 217	279 694	72 241 156
3	气候与环境	14 116 646	4 104 179	21 864 036	529 741	1 101 531	474 099	162 298	42 352 530
4	航空航天	11 875 245	3 603 876	14 270 610	302 774	735 297	293 169	132 709	31 213 680
5	能源利用	13 300 609	1 886 625	13 643 849	370 750	1 068 535	287 627	102 891	30 660 886
6	前沿技术	10 793 445	2 422 636	13 351 876	256 532	705 731	337 806	117 618	27 985 644
7	应急避险	5 357 188	2 054 614	9 176 316	179 325	426 737	217 979	107 982	17 520 141
8	食品安全	1 401 779	568 281	3 393 731	38 161	153 422	67 579	18 807	5 641 760
9	科普活动	850 472	96 151	974 358	23 711	32 997	18 671	7 838	2 004 198
10	伪科学	64 953	39 256	375 047	1 625	12 318	4 917	910	499 026

注：热度指数是指十大科普主题各自在全网七大平台上的信息总量

一、十大科普主题热度关键词

综合十大科普主题的关键词热度指数排行来看，2017 年第二季度，信息科技主题下的关键词"信息"热度最高，其热度值达 18 358 751。这源于中国科学院量子信息和量子科技创新研究院在上海市宣布世界上第一台超越早期经典计算机的光量子计算机在中国诞生。量子计算机随着可操纵的微观粒子数增加，其计算能力将呈指数级增长，引发网民关注。此外，气候与环境主题下的关键词"环境"热度较高，其热度值高达 12 365 241。这源于 4 月 1 日中共中央、国务院印发通知，决定设立河北雄安新区。习近平指出，规划建设雄安新区要突出建设绿色智慧新城、打造优美生态环境、发展高端高新产业、提供优质公共服务、构建快捷高效交通网、推进体制机制改革、扩大全方位对外开放七个方面重点发展的任务。

二、十大科普主题地域发布热区

根据 2017 年第二季度十大科普主题地域发布热区数据表最终计算可知，2017 年第二季度，北京市、广东省、山东省分别以 58 048 973、16 324 958、7 360 741 的信息发布总量位列全国 31 个省（自治区、直辖市）前三名。

其中，北京市发布的科普主题内容主要集中在信息科技类科普信息，相关内容的发布量高达 18 589 777。而广东省和山东省则侧重于健康与医疗类科普主题，其内容发布量分别为 5 139 783 条、2 046 122 条，各自占对应省份本季度科普信息发布总量的 31.48% 与 27.80%。

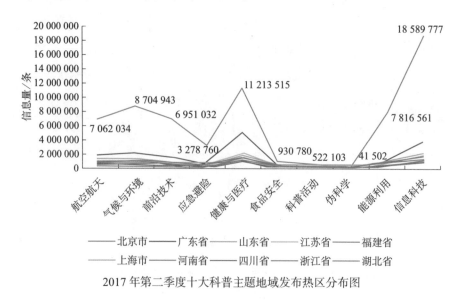

2017 年第二季度十大科普主题地域发布热区分布图

2017 年第二季度十大科普主题关键词热度排行榜 （单位：条）

序号	科普主题	热度关键词（热度值）									
1	航空航天	飞机 2 108 642	地球 1 231 690	宇宙 865 706	卫星 633 697	太空 577 611	航母 486 084	无人机 472 660	火箭 435 314	紫外线 387 739	星球 349 546
2	气候与环境	环境 12 365 241	生态 4 378 651	环保 3 769 970	污染 2 489 940	垃圾 2 330 566	气温 1 133 240	辐射 981 676	可持续发展 682 993	雾霾 498 227	空气质量 404 609
3	前沿技术	智能 4 324 721	能量 3 496 957	生物 2 662 828	模拟 1 004 187	人工智能 993 187	3D 970 075	机器人 926 079	新技术 747 786	科技创新 718 684	LED 627 810
4	应急避险	高温 1 784 712	预警 1 419 800	防护 1 293 348	大风 1 357 210	暴雨 1 220 075	火灾 1 205 495	灾害 1 059 334	地震 893 923	传染 891 171	防火 533 389
5	能源利用	电子 5 472 368	能源 2 396 971	产能 1 246 889	石油 1 181 635	功率 1 071 073	电池 989 422	节能 987 298	新能源 956 105	发电 733 234	原油 658 111
6	食品安全	玻璃 1 996 027	食品安全 527 938	腹泻 497 102	微生物 283 614	流感 223 251	防腐剂 196 448	假酒 154 770	转基因 131 366	食品添加剂 102 205	垃圾食品 101 092
7	健康与医疗	健康 11 915 558	疾病 3 387 485	食物 2 900 492	预防 2 584 460	养生 2 177 743	元素 2 151 653	中医 2 053 719	保健 1 910 440	感染 1 609 982	心脏 1 602 169
8	信息科技	信息 18 358 751	数据 9 351 341	互联网 5 482 753	电脑 3 045 358	软件 2 946 181	APP 2 510 019	通讯 2 395 684	温度 2 191 259	电商 1 619 864	通信 1 527 890
9	伪科学	修行+法+教 117 322	邪教 105 435	迷信+风水 87 553	迷信+占卜 29 741	特异功能 21 484	异常现象 21 209	迷信+算卦 20 729	迷信+星座 15 383	迷信+八字 11 030	"全能神" 8 807
10	科普活动	知识产权 809 079	科幻 357 659	科协 150 406	科技馆 115 921	科技成果+专利 52 254	国防科技 50 330	三体 44 040	国防科技+航天 19 197	科学传播 19 040	国防科技+航空 18 397

注：按照十大科普主题十大热度关键词的总热度值排序

三、十大科普主题典型文章及分平台热文排行榜

十大科普主题发文数排行榜

排名	类别	发文数／条	典型文章
1	应急避险	17 520 141	冷涡来了！五问京津冀今年以来最强降雨
2	气候与环境	42 352 530	环保部公布最大规模大气污染防治督查战报
3	前沿技术	27 985 644	6月这些新规将实施：民用无人机施行实名登记
4	信息科技	72 241 156	工信部：国内宽带平均接入速率已达52M
5	健康与医疗	90 353 525	吃胎盘是进补仙方？
6	食品安全	5 641 760	西餐PK中餐，哪种更健康？
7	伪科学	499 026	明思陵的烛台很值钱？
8	航空航天	31 213 680	对"天舟一号"飞行任务圆满成功……
9	科普活动	2 004 198	"科普进校园"让山里的孩子爱上科学
10	能源利用	30 660 886	雷诺电动车升级双向车载智能充电系统

分析第二季度各大传播平台的十佳科普热文得出以下特点。

一是在主题类别上，榜内热文以健康与医疗类为主，相关文章占比高达67.50%。其中，微信平台十大热文中均为健康与医疗这一科普主题，今日头条号十大热文中，健康与医疗类科普主题文章共计8条。由此可见，用户对该类科普信息的需求较为强烈，各平台针对该特点调整信息发布，可强化信息传播效果。

二是在表现形式上，以图文结合为主，纯文字表现较少，文章表现形式略显单一。而视频、漫画、语音等形式对受众的吸引力强，丰富视听体验，利于便捷阅读，日后可提高其采用频率，以增添文章趣味性，调动用户阅读积极性。

三是在标题拟定上，四大平台科普热文标题多采用疑问句式和强调语气，在崇尚迅捷传播、"快餐式"阅读的当前，此种标题拟定模式有利于抓住用户眼球，激发用户的猎奇心理，从而实现阅读量和"点赞"量的转化。但此类方式不宜频繁使用，"标题党"易使受众产生审美疲劳和逆反心理。

综合而言，2017年第二季度全网各平台发布涉科普内容集中于健康与医疗类主题，且以正面、中性信息居多，但文章表现形式还需丰富。

科普舆情研究2017年第四季度报告
十大科普主题热度指数排行
（监测时段：2017年10月1日～12月31日）

2017 年第四季度，健康与医疗摘得十大科普主题热度指数综合排行榜桂冠，其热度值高达 136 157 620，而信息科技以 126 367 023 的微弱劣势居于排行榜第二位。分析传播媒介可知，网站、微博、微信和客户端均以健康与医疗类为主要传播主题，其热度值分别为 32 725 877、3 229 144、92 357 115 和 6 459 983；电子报刊主要发布气候与环境类信息，其热度值有 1 416 145；而论坛和今日头条号则注重发布信息科技类科普内容，其热度值分别为 885 392、452。

2017 年第四季度十大科普主题热度指数综合排行榜 （单位：条）

序号	科普主题	网站	微博	微信	电子报刊	论坛	客户端	今日头条号	热度指数
1	健康与医疗	32 725 877	3 229 144	92 357 115	542 000	843 297	6 459 983	204	136 157 620
2	信息科技	69 183 490	3 769 775	46 317 592	704 919	885 392	5 505 403	452	126 367 023
3	气候与环境	25 129 932	2 612 404	31 121 575	1 416 145	358 901	3 156 410	124	63 795 491
4	航空航天	28 832 689	1 880 673	19 379 389	251 901	325 300	2 129 497	114	52 799 563
5	能源利用	26 510 162	1 370 230	19 716 436	309 875	424 511	2 228 531	46	50 559 791
6	前沿技术	21 723 525	1 880 550	20 625 651	256 026	267 724	2 580 451	238	47 334 115
7	应急避险	8 596 199	1 299 831	12 108 235	134 946	150 023	1 273 708	48	23 562 990
8	食品安全	2 805 571	278 877	4 697 493	31 344	40 661	398 609	12	8 255 378
9	科普活动	1 386 507	66 171	1 416 995	23 433	12 293	141 276	2	3 046 677
10	伪科学	88 796	35 854	368 584	1 495	3 379	27 072	0	525 180

注：热度指数是指十大科普主题各自在全网七大平台上的信息总量

一、十大科普主题热度关键词

由十大科普主题的关键词热度指数排行可得，2017 年第四季度，信息科技中的"信息"一词热度最高，热度值达 34 121 418。促进其热度高涨的原因一是北京市政府联合多所大学、中国科学院等共建北京量子信息科学研究院，二是由中国信息协会主办的 2017 中国信息技术主管大会在京召开。而气候与环境中的"环境"和健康与医疗中的"健康"分别凭借《中华人民共和国环境保护税法实施条例》的颁布实施和第十四届世界中医药大会审议通过了第一部国际中医药专病诊疗指南《国际中医药糖尿病诊疗指南》获得较高热度，热度值分别为 17 094 528、16 207 244。

二、十大科普主题地域发布热区

根据 2017 年第四季度十大科普主题地域发布热区数据表可得，北京市以 11 6591 957 的信息发布总量摘得榜单桂冠，广东省、浙江省分别凭 26 303 176、21 732 284 的信息总量位列全国第二、第三名。其中，北京市的信息发布以信息科技类内容为主，其总量高达 37 949 005，远超其他省（自治区、直辖市）的各科普主题信息发布量。值得一提的是，除山东省和江苏省的最热科普主题是健康与医疗外，其他省（自治区、直辖市）最热科普主题皆为信息科技。此外，第四季度各省（自治区、直辖市）发布的信息科技类信息占科普信息总量的 14.16%，体现了我国网民对该类信息有较大需求。

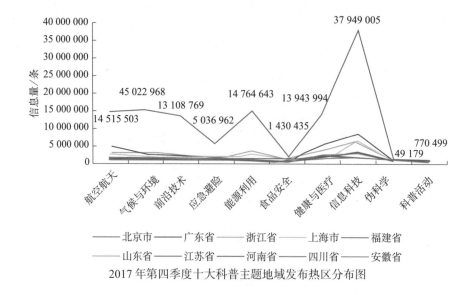

2017 年第四季度十大科普主题地域发布热区分布图

2017 年第四季度十大科普主题关键词热度排行榜　（单位：条）

序号	科普主题	热度关键词（热度值）									
1	信息科技	信息 34 121 418	数据 15 171 024	互联网 10 005 480	软件 4 470 097	APP 4 394 310	温度 4 051 698	通讯 3 613 255	电商 2 673 651	通信 2 430 353	信息化 1 855 803
2	健康与医疗	健康 16 207 244	疾病 5 224 121	食物 4 159 730	预防 4 007 008	元素 3 341 381	保健 2 924 264	养生 2 859 906	中医 2 796 915	血管 2 444 548	心脏 2 398 171
3	气候与环境	环境 17 094 528	生态 7 086 609	污染 3 760 891	垃圾 3 665 848	饮食 2 877 013	气温 1 928 908	辐射 1 351 921	可持续发展 999 780	生态文明 977 713	雾霾 706 804
4	能源利用	电子 9 277 787	环保 5 435 860	电脑 4 919 612	能源 3 898 593	电池 2 094 874	产能 1 906 953	功率 1 868 156	节能 1 810 404	石油 1 741 377	发电 1 185 395
5	前沿技术	智能 7 725 552	能量 4 421 435	生物 3 911 919	人工智能 2 160 848	新能源 1 872 315	3D 1 687 982	机器人 1 629 555	模拟 1 441 487	芯片 1 265 807	LED 1 222 392
6	应急避险	飞机 2 695 300	高温 1 569 814	防护 1 365 165	预警 1 273 808	火灾 1 234 621	大风 1 171 398	地震 972 811	防火 903 228	传染 850 615	灾害 767 862
7	航空航天	地球 1 736 047	宇宙 1 100 540	卫星 954 981	火箭 709 725	太空 667 361	无人机 639 075	太阳能 620 132	雷达 591 546	星球 543 468	紫外线 453 709
8	食品安全	玻璃 3 342 392	腹泻 710 195	食品安全 680 785	微生物 444 917	流感 352 264	防腐剂 226 414	假酒 225 233	甲醇 146 075	食品添加剂 136 038	转基因 127 055
9	科普活动	知识产权 1 266 873	科幻 482 863	科协 194 080	科技馆 131 009	国防科技 107 594	科技成果+专利 80 144	三体 49 915	国防科技+航天 46 280	国防科技+航空 43 359	国防科技+武器 41 039
10	伪科学	修行+法+教 183 160	邪教 132 528	迷信+风水 38 945	异常现象 32 433	特异功能 23 515	迷信+八字 14 201	"统一教" 13 128	"全能神" 10 081	神秘主义 9083	"消业"+"圆满" 8 698

注：按照十大科普主题十大热度关键词的总热度值排序

三、十大科普主题典型文章及分平台热文排行榜

十大科普主题发文数排行榜

排名	类别	发文数/条	典型文章
1	信息科技	82 867 626	中国发射超级卫星：哪里都可以高速上网
2	健康与医疗	46 405 713	饭后不宜马上吃水果 想要保持身体健康你得这么吃
3	气候与环境	40 498 238	创意设计师训练乌鸦成为"烟头清理工"
4	能源利用	34 866 343	利用新技术在火星制氧？顺便产生火箭燃料
5	前沿技术	27 378 721	中国研制新人工智能服务器搭载"寒武纪"AI芯片
6	应急避险	12 820 155	英科学家研究用AI预测地震
7	航空航天	8 192 177	中国2020年将力争成为世界航天强国
8	食品安全	6 399 217	食品添加剂致癌？外面的食物还能吃吗？
9	科普活动	2 446 308	科普：吃胎盘不仅无益反有健康风险
10	伪科学	466 842	网传"洗澡时间太长致癌"？辟谣！

综合观察各大传播平台的十佳科普热文得出以下特点。

一是在情感表现上，热门文章以正面情绪为主，占比达50%，而中性情绪和负面情绪的比重分别为25%。负面舆论主要涉及转基因食用油比例、饮食不当中毒、身体疾病和邪教等方面。需要注意的是，该类负面信息均已被辟谣并广泛传播，有效遏制了负面信息的蔓延，推动打造良好的网络环境。

二是在主题类别上，各平台榜内热文以健康与医疗、信息科技类为主。其中，健康与医疗类热文总计达33条，占所有平台榜内热文总量的66%；而信息科技类热文共计11条，占七大平台榜内热文总量的22%。值得一提的是，微信平台和百度百家平台十大热文中均为健康与医疗类，可见受众对这方面信息的需求巨大。

三是在传播表现上，涉及儿童健康类的信息传播效果较好，如今日头条号发文《入秋6不洗，孩子再脏也不能让孩子洗澡！后悔看晚了！》，提醒妈妈们避免在多种情况下让孩子洗澡，以防止生病。该文引发大量关注，最终获得

446 925 次阅读、121 次"点赞",成为本季度最热头条科普类文章。此外,文章《孩子这些小动作暗示缺乏安全感,家长再不重视就有点晚了》列举出孩子的多种现象,帮助家长们发现其安全感缺失问题,同样获得较高关注,累计取得 218 750 次阅读和 139 次"点赞"。

综合而言,网民对身体健康类信息格外关注,对其科普知识的需求量极大,因此,后期可提高该类信息发布频率,充分挖掘受众潜力。此外,信息科技类科普知识愈加受到用户青睐,这较为契合网民年龄趋向年轻化的特征,后期可注重该类科普信息传播,以进一步扩大受众范围。

附 录 三

"科普中国"公众满意度调查方案

根据"科普中国"信息化平台的运作、服务和用户特点，2017年"科普中国"公众满意度调查整体上采用网络问卷的方式进行。在调查方案的研究设计阶段，课题组邀请了多位科普信息化领域的学界和业界专家对实施方案进行了深入研讨，制定了调查渠道、调查程序、测评原则、测评程序、进度安排等环节的调查实施细则。

一、公众满意度测评原则

（一）问卷调查的对象

2017年"科普中国"公众满意度调查原则上面向全体公众，实际上针对"科普中国"信息化平台的全体用户，具体来说，就是通过"云网端传播体系""矩阵传播体系""落地应用体系"使用过"科普中国"科普信息化公共服务的全体用户。

（二）问卷发放和回收渠道

2017年"科普中国"公众满意度调查通过网络问卷方式进行，全面依托"云网端传播体系""矩阵传播体系""落地应用体系"发放问卷，其中通过"矩阵传播体系"的特定频道或入口发放的问卷视为相应的专项建设平台的公众满意度测评依据。全部问卷统一通过"科普中国服务云"回收。

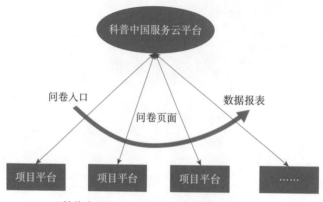

"科普中国"公众满意度调查问卷发放流程

（三）结合互联网科普服务的特点，拟定测评要求

站在科普需求侧的角度，目前"科普中国"专项建设成果在功能上定位于公众科学传播，在形态上贴近于互联网内容传播。因此，结合科学传播和内容传播两方面的特点，兼顾公众的网络行为习惯，对"科普中国"各类建设成果统一提出以下满意度测评要求。

1. 有关科普内容

围绕科普内容的质量，包括科学性、丰富性、趣味性、有用性、时效性等。

2. 有关媒介交互

围绕科普媒介对公众的吸引力，包括入口（访问）的便捷性、界面的交互体验、多媒体（文字 / 音视频 / 游戏等）运用的舒适度等。

3. 有关互联网传播

围绕互联网内容传播行为，包括定向搜索和标签分类的适用性、首页推荐及个性化推送的准确性、社交传播（评论、转发等）的易用性等。

4. 有关科普服务效果

科普公共服务的效果主要从以下方面来衡量：引起了公众对科技信息的关注，提升了公众参与科技的乐趣，激发了公众对科技问题的兴趣，影响了公众对科技问题的观点，促进了公众对科技问题的理解等。

5. 有关"科普中国"的权威形象

作为科普公共服务品牌，"科普中国"的权威形象主要从公众信任的角度来评价，包括个体用户对品牌内容的信任感（认知信任），以及用户对品牌的参与感（情感信任）等。

（四）基于满意度测评的信度要求，拟定抽样原则

抽样时主要考虑参与调查人群的区域分布，对收回的问卷按照区域进行系统抽样，根据公众实际参与调查的情况确定抽样细则。

1. 按照区域做系统抽样

按照受访人所在区域对收回的问卷做系统抽样。

2. 结合调查开展情况确定抽样细则

根据公众实际参与调查的情况，确定各区域的抽样率和抽样细则。

3. 根据样本量进行补充采用

如果某项目的样本量不够，需要补充采样，可在不影响测评进度的前提下延长调查时间，最多延长1周左右。

二、公众满意度测评程序

（一）测评方式

1. 公众满意度调查方式

2017年"科普中国"公众满意度测评采用网络问卷调查方式。问卷投放和推送主要依托各"科普中国"专项平台，问卷收回和汇总主要依托"科普中国服务云"平台。

2. 公众满意度的操作含义

"科普中国"公众满意度调查拆解为面向各"科普中国"专项的用户满意度调查。"科普中国"公众满意度由各专项的用户满意度构成，构成权重重点参考各专项的经费及用户规模。

（二）计分规则

1. 题目分值

问卷满分为100分，各题目分值根据相应指标的权重确定。

2. 计分方法

满意度分5档计分。"很满意"计5分，"满意"计4分，"一般"计3分，"不满意"计2分，"很不满意"计1分。

3. 题目计分

题目计分＝该题目在抽样问卷中的平均计分。

4. 题目加权分

题目加权分＝100×相应指标权重×（题目计分÷5）。

5. 项目满意度

项目满意度＝题目 2～10 的加权分之和。

6. "科普中国"满意度

"科普中国"满意度＝各项目按经费和用户数综合加权的平均满意度。

7. 满意度分档

非常满意：90～100 分；满意：70～90 分；一般：50～70 分；不满意：30～50 分；非常不满意：30 分以下。

三、公众满意度调查问题列表

1. 您对我们的服务总体上满意吗？（满意度参考值）

A. 很满意　　B. 满意　　　C. 一般　　　D. 不满意　　　E. 很不满意

2. 您对我们的图文、视频、游戏等内容的科学性满意吗？（科学性）

A. 很满意　　B. 满意　　　C. 一般　　　D. 不满意　　　E. 很不满意

3. 您对这些内容的趣味性满意吗？（趣味性）

A. 很满意　　B. 满意　　　C. 一般　　　D. 不满意　　　E. 很不满意

4. 您对这些内容的丰富程度满意吗？（丰富性）

A. 很满意　　B. 满意　　　C. 一般　　　D. 不满意　　　E. 很不满意

5. 我们希望您感到科学对普通人是有用的，您对这方面内容满意吗？（有用性）

A. 很满意　　B. 满意　　　C. 一般　　　D. 不满意　　　E. 很不满意

6. 社会热点话题也能用科学的手法来表现，您对这方面内容满意吗？（时效性）

A. 很满意　　B. 满意　　　C. 一般　　　D. 不满意　　　E. 很不满意

7. 您对访问我们的网站、页面或链接的便捷性满意吗？（便捷性）

A. 很满意　　B. 满意　　　C. 一般　　　D. 不满意　　　E. 很不满意

8. 您对我们的图文、视频、游戏等的设计制作水平满意吗？（可读性）

A. 很满意　　B. 满意　　　C. 一般　　　D. 不满意　　　E. 很不满意

9. 在阅读、浏览、互动、分享等过程中，您对界面和操作的易用性满意

吗？（易用性）

A. 很满意　　　B. 满意　　　　C. 一般　　　　D. 不满意　　　E. 很不满意

10. 在寻找感兴趣的内容时，您对分类搜索或优先推荐的准确性满意吗？（准确性）

A. 很满意　　　B. 满意　　　　C. 一般　　　　D. 不满意　　　E. 很不满意

11. 浏览我们的内容后，您有何收获？

A. 非常同意　　B. 同意　　　　C. 不确定　　　D. 不同意　　　E. 非常不同意

（1）我获取了优质的科学信息。（关注）

（2）我从中体会到了科学的乐趣。（乐趣）

（3）我对一些科学问题产生了兴趣。（兴趣）

（4）我对一些科学问题有了更深的理解。（理解）

（5）我对一些科学问题形成了自己的看法。（观点）

12. 网络上科学信息的来源有很多，您对我们的态度是？

A. 非常同意　　B. 同意　　　　C. 不确定　　　D. 不同意　　　E. 非常不同意

（1）我相信这里的科学内容都是真实可靠的。（认知信任）

（2）我会把这里的科学内容推荐给我的家人。（情感信任）

后　记

　　信息社会已经迈入数据时代，科普数据有助于理解当代科学与公众的互动，敦促科普界对社会发展保持敏感。中国科普研究所研究员钟琦带领研究团队用三年左右的时间建立起多个科普数据平台，致力于展现数据时代的公众参与科学的全貌。本书从科普需求、科普舆情、科普人群行为等多个角度开展了科普数据研究，并纳入了对国家科普品牌"科普中国"的公众满意度评价研究。

　　本书共分为四章，第一章是中国网民科普需求搜索行为报告（撰写人：王黎明、钟琦），第二章是互联网科普舆情数据报告（撰写人：王艳丽），第三章是移动端科普阅读数据报告（撰写人：胡俊平），第四章是"科普中国"公众满意度调查研究报告（撰写人：王黎明）。

　　报告课题组向百度指数、清博大数据、今日头条、中国科学技术出版社等数据合作方表示衷心的感谢！我们会携手相关平台、机构和专业人士，深化数据合作项目，持续推进多维度科普数据的整合与研究。

中国科普研究所科普数据分析课题组

2019 年 2 月